ENCYCLOPÉDIE-RORET.

AGRICULTURE.

AVIS.

Le mérite des ouvrages de l'*Encyclopédie-Roret* leur a valu les honneurs de la traduction, de l'imitation et de la contrefaçon. Pour distinguer ce volume, il portera à l'avenir la signature de l'Éditeur.

MANUELS-RORET.

NOUVEAU MANUEL

ÉLÉMENTAIRE

D'AGRICULTURE,

A L'USAGE

DES ÉCOLES PRIMAIRES ET DES ÉCOLES D'AGRICULTURE,

PAR

Victor RENDU,

Inspecteur de l'Agriculture.

Laboure, fume, sème, sarcle ton
champ, et demande ensuite à
Dieu ta moisson.

Sentence espagnole.

PARIS,

A LA LIBRAIRIE ENCYCLOPÉDIQUE DE RORET,

RUE HAUTEFEUILLE, 10 BIS.

1844.

PRÉFACE.

—

En publiant ces notions élémentaires après tant d'ouvrages justement estimés, l'auteur n'a eu d'autre but que de rassembler en un petit nombre de pages les doctrines agricoles répandues dans de volumineux traités. Son travail s'adresse à de jeunes élèves. Il leur offre les points fondamentaux de la science acceptés comme principes, et dégagés de toutes les théories que l'expérience n'a pas encore jugées : c'est un simple résumé des règles générales ; leur application spéciale ne peut être déterminée que par la pratique.

NOUVEAU MANUEL

ÉLÉMENTAIRE

D'AGRICULTURE.

———o✸c———

L'Agriculture est l'art de cultiver la terre ; elle a pour but de produire les végétaux et de multiplier les animaux nécessaires à l'homme.

Elle se divise en trois parties principales, savoir :

1° *L'agriculture proprement dite*, comprenant l'étude du sol, son amélioration, sa culture et celle des végétaux ;

2° *L'économie du bétail*, c'est-à-dire, la manière d'élever, d'entretenir et de multiplier les animaux ;

3° *L'économie des récoltes*, qui apprend à choisir les plantes, à les alterner entre elles et à les combiner de telle sorte, qu'elles soient en rapport avec les besoins de l'exploitation.

Agriculture.   1

PREMIÈRE PARTIE.

AGRICULTURE PROPREMENT DITE.

DU SOL.

Le sol, ou cette croûte superficielle de la terre sur laquelle le cultivateur exerce son industrie, est un mélange de *substances minérales* et de *matières organiques*. Les premières, résultat de la décomposition de diverses roches, servent à fixer les racines des plantes, à leur donner appui et à leur transmettre une partie des sucs nécessaires à leur nutrition, ainsi que la chaleur et l'humidité dont elles ont besoin; les secondes, formées des débris des animaux et des végétaux, constituent la nourriture essentielle des plantes en se réduisant à l'état d'*humus* ou de *terreau*. On distingue trois sortes principales de substances minérales en agriculture, savoir : l'argile, le sable et le calcaire.

L'argile se distingue aux caractères suivants : sèche, elle absorbe facilement l'humidité, happe à la langue, c'est-à-dire, s'y attache avec force : lorsqu'elle contient une assez grande quantité d'eau, elle devient tenace et adhérente, on peut alors la pétrir et lui donner toute espèce de formes; une fois saturée d'eau, c'est-à-dire, quand elle est complètement imbibée de ce liquide, elle ne s'en laisse plus pénétrer : c'est cette propriété de l'argile qui rend quelquefois les terres humides à l'excès : un banc d'argile trop près de la surface du sol occasionne des amas d'eau stagnante dans les champs, parce que, alors, l'eau ne pouvant plus pénétrer dans le sol, demeure au-dessus de la couche d'argile jusqu'à ce qu'elle soit évaporée. L'argile saisie par la gelée, pendant qu'elle est imbibée d'eau, se crevasse ; par la chaleur, et lorsque l'eau qu'elle avait absorbée, s'est évaporée, elle devient plus ou moins dure, elle perd alors une partie de son volume et se crevasse souvent.

Les propriétés du sable sont tout-à-fait distinctes de celles de l'argile. Il n'a pas de consistance ; l'eau le traverse sans le pénétrer, il la laisse évaporer promptement, et ne forme pas avec elle une pâte onctueuse et ductile ; enfin, il s'échauffe très-facilement et retient fortement la chaleur.

La chaux, dans le sol, est presque toujours combinée à un gaz appelé gaz acide carbonique dont on l'en sépare par la calcination. Son caractère distinctif est de faire effervescence avec un acide, c'est-à-dire de bouillonner lorsqu'on verse dessus du vinaigre ou mieux encore de *l'eau-forte;* elle absorbe facilement l'eau et forme alors une pâte adhérente, elle se réduit en poussière en se desséchant ; sa couleur est ordinairement blanche.

L'argile, le sable et la chaux isolés ne possèdent pas les éléments d'une terre *arable*, c'est-à-dire, d'un sol propre à la culture ; cette qualité ne leur est communiquée que par suite de leur mélange entre eux ; les proportions dans lesquelles chacun d'eux se mêle aux autres, déterminent les qualités du sol, et par suite constituent cette innombrable variété de terrains qui ne se distinguent les uns des autres que par des nuances insensibles. Suivant que l'argile, le sable ou la chaux domine dans un terrain, on dit celui-ci argileux, sablonneux ou calcaire.

Les terrains argileux constituent ce que les cultivateurs appellent des *terres fortes*. Ils se labourent difficilement, ils exigent des fumures abondantes, mais gardent l'engrais pendant un temps assez long, ils veulent être bien égouttés, et cela d'autant plus, que la terre est plus tenace, et retient l'eau davantage : les labours profonds donnés avant l'hiver, afin que la gelée puisse diviser les mottes, des fumiers longs destinés à permettre à l'air de s'introduire dans le sol, des raies d'écoulement, des fossés couverts lorsque le champ n'a qu'une pente insensible, sont les meilleurs moyens qu'on puisse employer pour ameublir ces sortes de terrains, et les débarrasser de leur excès d'humidité.

Les terrains sablonneux constituent les *terres légères*. Ils présentent une grande facilité pour les opérations de la culture; cet avantage, toutefois, est compensé par plusieurs inconvénients inhérents à leur nature : ils ne supportent pas une grande quantité de fumier à la fois; ils exigent des engrais fréquents, ils laissent promptement évaporer l'humidité, c'est pourquoi il faut avoir soin de les labourer à de longs intervalles, et profondément : un climat plutôt humide que sec est celui qui leur convient le mieux.

Les terrains calcaires participent des avantages et des inconvénients des sols sablonneux. S'ils se laissent facilement entamer par les instruments aratoires, ils ont le grave défaut d'absorber très-promptement les engrais ; la sécheresse et la gelée leur font du tort. Lorsque la chaux se trouve en excès dans le sol, tout y brûle par les fortes chaleurs ; des pluies prolongées le rendent boueux.

Ces différents terrains, du reste, se rencontrent rarement à l'état de pureté, l'argile, le sable et la chaux sont réunis le plus souvent en diverses proportions dans le même sol.

Quand le terrain contient plus de 60 pour cent d'argile, on le dit argileux ; une terre sablonneuse est celle qui renferme plus de 70 pour cent de sable, elle est quelquefois fortement teinte en rouge, coloration qui est due à une substance appelée oxide de fer : on la regarde comme nuisible à la végétation quand elle se trouve trop abondamment dans le sol. Les terrains calcaires sont ceux qui contiennent plus de 10 pour cent de chaux.

La différence qui existe entre deux natures de terres mélangées ensemble, leur a fait donner des noms particuliers. Ainsi, on appelle terrains argilo-siliceux, ceux où la quantité de l'argile l'emporte sur la proportion de sable qu'ils contiennent en même temps : cette espèce de sol convient au plus grand nombre des récoltes, elle constitue les meilleurs terrains dans les climats chauds.

Les terres silico-argileuses sont celles où la proportion du sable l'emporte sur celle de l'argile. La luzerne, le chanvre, les récoltes-racines sont les plantes qui réussissent le mieux dans ce terrain. Les sols argilo ou silico-calcaires sont ceux dans la composition desquels il entre une proportion notable de carbonate de chaux.

Indépendamment de ces différentes espèces de terres, il en est encore d'une nature exceptionnelle; ce sont les terrains tourbeux et les sols de landes. La matière dont se compose le terrain tourbeux est élastique, spongieuse, d'une couleur brune foncée et remplie de plantes, en partie décomposées, mais dont on découvre encore la texture fibreuse; elle perd considérablement de sa pesanteur, et devient inflammable lorsqu'elle est séchée. La tourbe est donc le résultat d'une matière végétale qui a subi un changement particulier sous l'action de l'eau. On la trouve par couches à la surface des plaines, au fond des vallées. Le terrain formé de ces débris semblerait, au premier abord, renfermer en lui-même les éléments de la fertilité, cependant il n'en est pas ainsi: l'excès des matières végétales qu'il contient, est plutôt nuisible qu'utile, et tant qu'il n'a pas été suffisamment desséché, et qu'on ne lui a pas enlevé le principe astringent qu'il renferme, il ne produit que des fourrages grossiers; les gelées le soulèvent, la chaleur le dessèche, les pluies un peu tenaces le transforment en marais. A l'aide de la chaux, des cendres, du fumier et de l'écobuage, on peut transformer le terrain tourbeux en sol propre à la culture: mais il faut auparavant qu'il ait été complètement assaini, et qu'on l'ait exposé aux influences de l'air.

Le sol des landes présente, au premier coup-d'œil, l'aspect d'une terre fertile; c'est, néanmoins, l'un des plus pauvres terrains qu'on connaisse. Très-léger de sa nature, il se compose de particules sablonneuses colorées par suite de la décomposition des bruyères qui couvrent ordinairement sa surface. L'humus qu'il recèle se montre rebelle à la végétation des plantes agricoles, tant que le sol n'a pas subi l'influence de l'air et conserve son acidité originelle : l'écobuage sagement appliqué, l'emploi du calcaire combiné avec l'action des fumiers, les labours, corrigent une partie de ses défauts et l'amènent par degrés à produire des végétaux utiles, pourvu qu'on ait soin, dans les commencements, de ne lui rien demander au-dessus de ses forces. Le seigle, le sarrasin, l'avoine, les navets, réussissent assez bien dans le sol de landes récemment défriché ; amélioré par la culture, il produit avec avantage du ray-gras, des trèfles, des vesces, des choux, des rutabagas et du froment.

Quelque avantageuse que soit la composition minérale du sol, il n'est apte à produire des récoltes qu'autant qu'il contient une quantité suffisante d'humus. L'humus ou terreau est une matière noirâtre et légère, base principale de la fertilité. Au contact de l'air et de l'humidité, il se dissout et passe dans les plantes dont il forme la principale nourriture ; il agit sur le sol en ameublissant les terres fortes, et en donnant du corps aux terres légères. L'humus se forme plus vite dans les terrains calcaires que dans les terrains sablonneux et argileux ; ces derniers, en revanche, le perdent moins promptement.

Indépendamment de l'humus, différentes causes peuvent encore influer sur la valeur du sol ; parmi les plus importantes, il faut distinguer l'épaisseur de la couche arable, le sous-sol, la couleur des terres, leur situation et leur exposition.

Par l'épaisseur de la couche arable, il faut entendre la profondeur de la terre végétale qui est homogène, et également imprégnée d'humus. Dans les terrains privilégiés, cette couche offre une épaisseur considérable ; plus la couche végétale est épaisse, moins le terrain souffre de l'humidité et de la sécheresse, les plantes y étendent plus librement leurs racines, elles peuvent y vivre plus rapprochées les unes des autres, et leurs produits sont plus beaux et plus assurés.

Le contraire a lieu dans les terrains dont la couche arable offre peu de profondeur. Les plantes y souffrent beaucoup des sécheresses et de l'humidité, leurs produits y sont de médiocre qualité. Il faut donc tendre sans cesse à augmenter l'épaisseur de la couche arable, en faisant piquer la charrue un peu plus avant chaque année, lorsque le sous-sol peut être mélangé utilement avec la surface.

On entend par sous-sol, la couche de terre qui se trouve immédiatement au-dessous de la couche végétale remuée par la charrue. Lorsque le sous-sol est formé par du sable ou du calcaire donnant aisément passage à l'eau, on dit qu'il est *perméable ;* quand il est composé d'un tuf ou d'un banc d'argile s'opposant à l'infiltration de l'eau, on le dit *imperméable :* il résulte de là, que si la surface du terrain est argileuse, il lui est avantageux d'avoir un sous-sol perméable ; au contraire, la couche végétale est-elle sablonneuse ou calcaire, il lui importe d'avoir un sous-sol qui retienne l'eau, afin d'empêcher la surface de se sécher trop vite. Quelquefois le sous-sol est de telle nature, qu'il suffit de le mélanger avec la couche arable pour corriger les défauts de cette dernière ; c'est ainsi, par exemple, qu'avec du calcaire pour sous-sol, on améliore les terres sablonneuses, en leur donnant plus d'adhérence, et qu'on rend moins compactes les terres argileuses naturellement froides et tenaces. Lorsque le sous-sol ne diffère de la surface, que parce que l'air et les engrais ne sont pas arrivés jusqu'à lui, on peut s'en servir avantageusement pour augmenter l'épaisseur de la couche végétale ; dans ce cas, on a soin de faire mordre la charrue un peu plus avant chaque année, et d'amener la terre vierge à la surface du sol par un labour donné pendant l'hiver ; les gelées et les engrais lui communiqueront bientôt les qualités de la terre arable.

La surface du sol influe beaucoup sur sa culture ; une pente douce qui permet l'écoulement des eaux, un pays ouvert, une surface plane, sont des avantages précieux pour le cultivateur ; par contre, les opérations aratoires sont plus longues, plus difficiles et plus coûteuses, quand le sol présente une pente rapide ou une surface très-accidentée.

La *couleur du terrain* n'est pas indifférente. Les terres noires, par exemple, ont la propriété d'attirer et de retenir la chaleur, les récoltes y mûrissent de bonne heure ; les terres rougeâtres indiquent que le sol contient de l'oxide de fer : toutes choses, d'ailleurs égales, celles-ci sont moins favorables à la végétation que les autres.

Enfin, quant à *l'exposition*, les terres situées au midi souffrent de la sécheresse et sont plus sujettes à voir les récoltes soulevées par les gels et les dégels ; celles à l'est souffrent des gelées tardives ; les terres exposées au nord manquent de soleil et éprouvent le froid le plus rigoureux ; celles à l'ouest ont à craindre l'humidité ; ces résultats, toutefois, sont subordonnés à la nature du sol et du climat particulier à chaque contrée.

Amélioration du sol.

Il existe deux moyens principaux d'améliorer le sol : l'un consiste à corriger les défauts naturels du sol, en rétablissant l'équilibre entre les divers mélanges de terres qui le composent, c'est ce qu'on fait à l'aide des *amendements ;* l'autre a pour but de donner au sol la fertilité dont il a besoin pour produire des récoltes et de lui rendre cette fertilité à mesure que les plantes s'en emparent ; c'est ce qui a lieu à l'aide des *engrais.*

Des Amendements.

Sous le nom d'amendement, on comprend spécialement toute substance minérale, comme la chaux, la marne, qui tend à modifier la nature du sol.

La *marne* est une terre composée de sable, d'argile et de carbonate de chaux, non pas à l'état de simple mélange, mais unis entre eux d'une manière intime, telle que l'homme ne peut imiter artificiellement cette combinaison naturelle. C'est au carbonate de chaux que sont dus principalement les effets de la marne dans l'amendement des terres. La marne se présente sous des couleurs et des aspects très-différents : on en trouve de grises, de noires, de bleues, de vertes, de violettes, de blanches, etc. ; les unes ont le grain fin, d'autres ressemblent à une pâte grossière ; quelques-unes sont feuilletées ; un grand nombre forment une masse plus ou moins considérable ; il en est de tendres et friables, d'autres sont dures comme la pierre ; toutes, néanmoins, se reconnaissent à ce double caractère, 1º de se déliter à l'air ou dans l'eau (dans le premier cas, elle tombe en poussière ; dans le second, elle se réduit en bouillie), et 2º de faire effervescence avec un acide, c'est-à-dire, de bouillonner, comme le calcaire, quand on verse dessus du vinaigre ou tout autre acide, tel, par exemple, que de l'eau-forte.

« La première chose qu'on doit faire, dit M. de Dombasle, quand on soupçonne qu'une terre est de la marne, est d'en faire sécher un morceau, soit devant le feu, soit sur un poêle, sans cependant lui faire prendre un trop fort degré de chaleur ; on en met ensuite dans un verre un petit morceau gros comme une noisette ou un peu plus, et l'on verse dans le verre assez d'eau pour que le morceau y baigne à moitié ou aux trois quarts ; quelques espèces de marnes absorbent très-rapidement l'eau, et en peu d'instants tombent en bouillie au fond du verre, d'autres ne produisent cet effet que plus lentement ; mais toutes se délitent ainsi dans l'eau sans qu'on les touche, en sorte que toute substance qui ne produit pas cet effet, n'est pas de la marne. Souvent les marnes en pierre ne se délitent que très-lentement et successivement : la première fois qu'on les humecte, le morceau se divise seulement en plusieurs parties ; si on le laisse ensuite se sécher, et qu'on l'humecte de nouveau, chacune des parties se divise encore, et ainsi successivement, jusqu'à ce que le morceau qui paraissait une pierre, se réduise en poudre fine. De l'argile traitée ainsi absorbe aussi l'eau et s'y détrempe, mais elle ne tombe pas en bouillie, et ne se réduit en pâte qu'en la pétrissant. Il y a cependant quelques argiles très-maigres qui se délitent à peu près comme la marne; ainsi, l'on ne peut être assuré qu'une terre est de la marne, parce qu'elle présente ce caractère. Pour s'en assurer positivement, on verse dans le verre dans lequel se trouve la marne, avec un peu d'eau, quelques gouttes d'*eau-forte*, et on agite l'eau avec une baguette de verre ou de bois, mais non de métal; la marne produit alors une vive effervescence, c'est à-dire un bouillonnement qui amène à la surface de l'eau une grande quantité d'écume.

» On peut être assuré que toute terre qui, après s'être délitée dans l'eau, produit cette vive effervescence avec l'acide, est bien de la marne. Certaines substances qui ne sont pas de la marne peuvent présenter l'un ou l'autre de ces deux caractères; ainsi, les pierres calcaires et les craies font aussi une vive effervescence avec les acides, mais elles ne se délitent pas dans l'eau ni à l'air. Quelques argiles se délitent dans l'eau, mais ne font pas effervescence avec les acides : la réunion de ces deux caractères ne se rencontre que dans la marne et s'y rencontre toujours.

» On conçoit qu'il n'est question ici que des terres vierges qui se trouvent au-dessous du sol cultivé, et qui n'ont jamais été remuées et mélangées par la main de l'homme; car la terre végétale des champs ou des jardins, qui est formée d'un mélange de diverses substances qui y ont été apportées par les procédés de la culture, pourrait souvent présenter ces deux caractères sans être cependant de la marne. »

La marne agit à la fois de deux manières sur le sol: 1° elle bonifie sa nature en donnant de la liaison aux terres légères, ou en divisant les terres fortes : 2° elle favorise la décomposition des débris organiques contenus dans le sol, et qui ont besoin de l'action d'un stimulant pour être propres à la nourriture des plantes : c'est de cette dernière manière qu'elle produit d'excellents résultats sur les sols défrichés et sur les terrains tourbeux qui ont été préalablement assainis par le desséchement.

Les proportions suivant lesquelles l'argile, le sable et le carbonate de chaux sont combinés ensemble, varient beaucoup. Quelquefois l'argile et le carbonate calcaire se trouvent en quantités égales ; d'autres fois, c'est l'un ou l'autre qui l'emporte. Quand l'argile prédomine au point de surpasser des deux tiers la quantité du carbonate de chaux, cette combinaison se nomme *marne argileuse*. Au contraire, si c'est le carbonate de chaux qui forme les deux tiers du tout, on l'appelle *marne calcaire ;* cette distinction, dans la composition de la marne, est de la plus haute importance pour l'amendement d'un terrain. En effet, s'agit-il de corriger les défauts d'un sol argileux, il est essentiel de lui appliquer une terre qui ait les propriétés contraires aux siennes ; ici, l'emploi de la marne calcaire sera nécessaire pour ameublir et réchauffer ce sol tenace et froid ; mais s'il est question d'une terre légère, l'application de la marne argileuse lui donnera de la consistance, tempérera sa chaleur et lui communiquera les qualités d'un bon sol. En agissant en sens contraire, c'est-à-dire, en employant la marne argileuse là où le sol est déjà trop argileux de sa nature, on augmenterait ses défauts ; et le marnage, dans ce cas, faute d'avoir été judicieusement appliqué, causerait un grave préjudice au sol et occasionerait de grandes pertes au cultivateur.

La quantité de marne qu'il convient d'employer sur une certaine étendue de terrain, ne peut être déterminée d'une manière précise par la théorie ; la dose varie selon la nature du sol, son état de fertilité et suivant la composition de la marne ainsi que la durée pendant laquelle on veut qu'elle agisse. Plus la marne est calcaire, moins la dose doit être forte ; les terres sablonneuses supportent très-bien une dose assez considérable de marne argileuse ; un terrain qui a été marné une fois, doit l'être de nouveau après un certain nombre d'années.

La manière la plus avantageuse d'employer la marne, est de la conduire, à l'automne ou pendant l'hiver, sur les champs qui ne portent pas de récolte ; on la dépose par petits tas équidistants. Lorsque les gelées ont suffisamment délité la marne, on étend les tas à la surface du sol, à l'aide d'une pelle, et l'on se sert d'une herse pour la répartir également sur tout le champ. Cela fait, on laboure légèrement pour incorporer la marne avec le sol. L'effet de la marne ne se laisse souvent apercevoir qu'à la seconde année de l'opération ; il est rare qu'on ne soit pas frappé de ses résultats à la troisième année.

L'une des choses les plus importantes dans l'opération

du marnage, est de donner au sol les engrais dont il a besoin ; la marne, loin de dispenser de cette obligation, la
rend plus impérieuse. Elle contribue, il est vrai, à bonifier
la terre en modifiant sa composition, et à lui faire produire, à l'aide de fumier, de plus abondantes récoltes ;
mais, par elle-même, elle ne fournit rien pour la nourriture des plantes ; il suit de là, que le terrain marné
qui n'a pas reçu d'engrais, se trouve complètement
épuisé, après avoir donné quelques récoltes de grains ;
la marne, dans ce cas, achève de le ruiner. Il faut donc,
en même temps que l'on marne, avoir soin de fumer,
et cela d'autant plus rigoureusement, que le sol est
plus pauvre : la marne, alors, produira d'excellents résultats, et l'on n'aura plus qu'à entretenir la fertilité
du sol au moyen des engrais.

DES ENGRAIS.

Les engrais sont la base de toute culture ; ce sont
eux qui fécondent le sol et le rendent apte à produire
des récoltes ; l'agriculteur ne doit donc rien négliger
pour se les procurer en quantité suffisante.

Toutes les substances organiques à l'état de putré-
faction ou de décomposition contiennent les éléments
nécessaires à la reproduction des végétaux, et peuvent
être converties en engrais : celles qu'on emploie le
plus souvent à cet usage forment quatre catégories,
savoir : les engrais végétaux, les engrais animaux, les
engrais mixtes et les engrais minéraux.

Engrais végétaux.

Les engrais végétaux s'obtiennent en semant certaines plantes qui parviennent en peu de temps à un grand développement, et qu'on enfouit au moment de leur floraison.

Les engrais végétaux, toutefois, ne peuvent remplacer le fumier que temporairement; le sol qui ne recevrait que cette espèce de fumure pendant plusieurs années consécutives, finirait par s'épuiser; il faut nécessairement lui appliquer des fumiers plus riches. Les engrais végétaux, bien que produisant de très-bons effets dans les terres sablonneuses, et étant fort utiles pour fumer les champs éloignés ou d'un accès difficile, doivent être considérés surtout comme une ressource momentanée; ils alternent avec avantage avec les fumiers d'étable.

Les plantes qu'on destine à être enfouies en guise d'engrais, doivent réunir les propriétés suivantes : 1° elles doivent être adaptées à la nature du sol, afin d'y pousser avec vigueur, et d'y prendre un grand développement. Dans les terres pauvres et légères, le lupin et le sarrasin sont les meilleures plantes pour enterrer en vert; dans les sols argileux, la vesce, le trèfle, le colza sont préférables.

2° La semence de ces plantes doit être peu coûteuse; sous ce rapport, le colza vaut mieux que le sarrasin, celui-ci l'emporte sur le lupin; la graine de vesces est la plus chère de toutes.

3° Il faut qu'elles acquièrent leur plus grand développement dans le plus court espace de temps possible, afin de pouvoir être semées après une première récolte, et qu'après leur enfouissement, on ait le temps de préparer suffisamment la terre.

4° Il faut que la plante couvre complètement le sol, de manière à empêcher les mauvaises herbes de s'y introduire.

5° Il faut qu'elle s'y décompose aisément.

Engrais animaux.

A cette catégorie appartiennent les excréments humains, la colombine, le parc et les urines.

Excréments humains. Ce sont les plus actifs de tous les engrais, malheureusement on n'en fait usage en France que dans un petit nombre de localités. Dans le département du Nord, les bons cultivateurs les regardent comme une ressource tellement précieuse, qu'ils ne conçoivent pas qu'on puisse s'en passer; ils s'en servent pour fumer la plupart de leurs récoltes, et ne craignent pas de faire des trajets de 20 à 24 kilomètres pour les aller chercher dans les villes. Cet excellent engrais qui, entre autres avantages, a celui de ne point apporter de mauvaises graines dans le sol, convient à tous les terrains. La matière fécale ne s'emploie jamais avec plus d'avantages que lorsqu'on l'a délayée dans de l'eau, ou mieux, dans des urines, et qu'on l'a laissée fermenter pendant trois semaines ou un mois dans des fosses murées. On peut l'appliquer au sol, soit lorsque celui-ci ne porte pas de récoltes, soit lorsque les plantes sont déjà en végétation : dans ce dernier cas, on la répand sous forme de pluie au moyen d'une poche ou d'une écuelle en bois pourvue d'un manche de 1 mètre de longueur.

La matière fécale produit tous ses effets sur la récolte de l'année; il est rare que son action s'étende au-delà. Cette espèce d'engrais convient particulièrement pour stimuler les semailles languissantes, et pour les plantes dont le développement est très-rapide : on met environ 100 à 150 hectolitres de matière fécale par hectare.

Colombine. Sous ce nom, on comprend la fiente des volailles et des pigeons; il est rare qu'on en ait une grande quantité dans les fermes ; en revanche, cet engrais est doué d'une énergie considérable. La plupart des cultivateurs en laissent perdre la majeure partie, en ne la recueillant que deux ou trois fois dans l'année : par suite de cette négligence, les poulaillers et les pigeonniers deviennent malsains; les larves des insectes se mettent dans la colombine, et la volaille est extrêmement tourmentée par une foule de parasites attirés par ces débris. Les poulaillers et les colombiers devraient être nettoyés avec soin tous les mois ; à mesure qu'on enlève la colombine, il faut la placer dans un lieu à l'abri de l'humidité, jusqu'au moment de l'appliquer aux récoltes. Elle produit d'autant plus d'effet, qu'elle est mieux divisée ; on la répand à la volée sur les semailles et sans l'enterrer ; on peut aussi commencer par la jeter sur le sol labouré, semer ensuite le grain et enterrer le tout par un coup de herse.

Parc. Le parc consiste à enfermer les bestiaux (le plus ordinairement les bêtes à laine) dans une enceinte mobile fermée par des claies, de manière qu'ils y déposent leurs excréments pendant le temps de leur séjour dans l'emplacement. Le parc, n'entraînant aucune dépense de litière ni de charroi, présente une grande ressource pour fumer les champs éloignés ou d'un accès difficile. Le parc ne doit pas être plus étendu qu'il ne faut, de peur que la fumure ne soit inégalement appliquée ; il suffit de ménager 50 centimètres carrés pour chaque bête. Le parc est regardé comme une bonne fumure lorsqu'on laisse les animaux pendant toute la nuit au même endroit ; c'est une forte fumure quand on les y laisse pendant deux nuits ; la fumure est légère quand on change les bêtes de place une fois pendant la nuit. On ne doit faire parquer les bêtes à laine que pendant la belle saison. Le temps de la durée du parc est entièrement subordonné au climat de la localité et à la température de l'année. Le parc donné par des temps de pluie, non-seulement nuit à la santé des animaux, mais il cause souvent beaucoup de préjudice à la terre par suite du piétinement des animaux, surtout quand le sol est argileux.

Il est d'usage de renfermer les bêtes à laine dans le parc, aux approches de la nuit ; le lendemain matin on ne doit les en faire sortir que lorsque la rosée est dissipée, de peur que la voracité avec laquelle les bêtes se jettent sur l'herbe humide ne leur cause l'accident connu sous le nom de *météorisation* ou *gonflement*. Avant de les faire sortir du parc, il faut les mettre en mouvement, afin qu'elles se vident complètement, et que leurs excréments augmentent la force de la fumure. Ordinairement on laboure le sol peu de temps avant de le faire parquer. Après le parc, il est bon d'enterrer promptement l'engrais par un labour superficiel, ou à l'aide d'un fort hersage : l'extirpateur convient aussi beaucoup pour cette opération. Sur les terres très-légères, il est souvent avantageux de faire parquer sur les semailles mêmes ; le parc peut être également appliqué avec profit sur les champs plantés en pommes de terre : dans ce cas, l'engrais se trouvera enfoui par le hersage donné au moment de la levée des plantes. Les prairies, tant naturelles qu'artificielles, se trouvent fort bien du parc ; on le leur applique après l'enlèvement de la dernière coupe. L'action du parc, quand la fumure a été forte, se fait sentir pendant deux années ; quand elle est légère, tout son effet se dépense dans une année.

Urines. Bien qu'il soit plus profitable, en général, de faire absorber les urines par la litière, cependant il est des circonstances où le défaut de matériaux propres à les recevoir, oblige à les employer seules ; il est, d'ailleurs, certaines terres, comme les sols sablonneux et calcaires, auxquelles cet engrais convient particulièrement. On ne doit faire usage des urines qu'après les avoir laissé fermenter pendant un certain temps.

Engrais mixtes.

Les engrais mixtes sont le résultat du mélange de certaines matières végétales employées comme litière avec les excréments des animaux ; à cette catégorie appartiennent les fumiers d'étable.

Fumiers d'étable. De tous les engrais, ce sont les

plus importants pour le cultivateur ; les autres, quoi-
que fort utiles, ne doivent être regardés que comme
des ressources accessoires, sur lesquelles il serait im-
prudent de vouloir établir exclusivement la marche régulière d'une exploitation rurale.

Les qualités du fumier diffèrent suivant que celui-ci
provient de telle ou telle espèce d'animal, et surtout
suivant le genre de nourriture qu'on donne aux bestiaux. Le fumier le plus mauvais, et celui qui revient
le plus cher, est celui des bêtes mal nourries ; le bétail
bien nourri est celui qui fournit le fumier le plus abondant, de meilleure qualité, et le moins dispendieux ;
les animaux entretenus toute l'année à l'étable produisent plus de fumiers que ceux qui, allant au pâturage, perdent ainsi une partie de leurs excréments.

On distingue quatre espèces principales de fumiers
d'étable, savoir : le fumier de cheval, le fumier de bêtes à cornes, le fumier de bêtes à laine et le fumier de
porcs.

Fumier de cheval. C'est le plus chaud, et consé-
quemment le plus actif des fumiers d'étable ; ces propriétés sont d'autant plus développées, que l'animal
est nourri plus exclusivement de foin et d'avoine. Le
fumier de cheval, quand il est suffisamment humide,
entre promptement en fermentation ; il s'y développe
alors une chaleur si considérable que, si l'on néglige
de l'arroser, il se consume au point de se réduire presque en poussière : ce fumier convient particulièrement
aux terrains argileux, froids et humides ; en revanche,
il est moins bon, et quelquefois même, lorsqu'on l'applique frais, il est nuisible dans les terres sablonneuses

ou calcaires, en excitant trop fortement la végétation des plantes, au moment de leur premier développement.

Ainsi que tous les fumiers énergiques, le fumier de cheval produit immédiatement la plupart de ses effets; son action est peu durable.

Fumier de bêtes à cornes. Le fumier de bêtes à cornes est un fumier gras; c'est celui qui se produit avec le plus d'abondance dans toutes les fermes. Moins chaud que le fumier de cheval, il entre moins promptement en fermentation, et, quel que soit le degré de décomposition auquel il arrive, il n'excite jamais une forte chaleur dans le sol; il convient particulièrement aux terrains sablonneux et calcaires; son effet est moins prompt que celui du fumier de cheval, mais il est plus durable; il s'applique à la plupart des récoltes.

Fumier de bêtes à laine. Ce fumier tient, en quelque sorte, le milieu entre le fumier de cheval et le fumier de bêtes à cornes; il passe pour le meilleur de tous les fumiers d'étable pour la qualité; son action s'étend rarement au-delà de deux ans : il convient beaucoup aux terres argileuses, en les réchauffant.

Fumier de porc. Il est généralement regardé comme le moins bon de tous les fumiers d'étable; cependant, lorsque les cochons sont nourris avec soin, on obtient de ces animaux un engrais de bonne qualité : quand il a fermenté pendant quelque temps, on l'applique avec avantage aux terrains sablonneux et calcaires.

Les fumiers d'étable, bien que possédant chacun des

propriétés spéciales fort avantageuses pour les diverses natures de terres cultivées, sont rarement employés seuls, il est d'usage, dans la plupart des exploitations rurales, de les mélanger les uns avec les autres ; de cette manière, l'activité du fumier de cheval est tempérée par le fumier froid des bêtes à cornes ; dans cet état, ils conviennent à tous les sols.

La manière dont on prépare les fumiers au sortir des étables contribue beaucoup à leur qualité. Dans certaines localités, les cultivateurs sont dans l'usage de répandre de la litière dans la cour de la ferme, et d'y étendre le fumier tiré des écuries ; chaque couche de fumier alterne avec une couche de litière. Cette méthode a pour résultat d'augmenter la masse de l'engrais, mais c'est au détriment de la qualité du fumier, puisqu'on le mêle avec de la litière qui n'a point séjourné sous les animaux. Le procédé employé par d'autres cultivateurs mérite d'être préféré : à chaque couche de fumier tiré de l'étable ils ajoutent une couche de terre ; les tas, rangés sous des hangars, ont 1 mètre environ de hauteur, sur 2 mètres de largeur ; d'autres enfin, dans le midi de la France, entassent leur fumier par cubes de 1 mètre 50 centimètre de hauteur sur 3 mètres de largeur, et le recouvrent d'une couche de terre de 32 centimètres d'épaisseur ; de temps à autre, ils versent de l'eau sur le tas de fumier, en pratiquant un trou dans la couverture de terre : ainsi traité, le fumier opère sa fermentation, sans perdre de ses principes fertilisants.

Dans la plupart des localités, la préparation du fumier est très-vicieuse. Le fumier, au sortir de l'étable, est dressé en tas au milieu de la cour, le jus de fumier ou purin s'en échappe de toutes parts, et, faute d'être recueilli dans des tonneaux ou des citernes, il court se perdre dans les chemins. Cette négligence occasionne une grande perte d'engrais d'excellente qualité, et donne une triste idée des cultivateurs, qui se privent ainsi volontairement du meilleur moyen de fertiliser leurs terres. La manière de bien traiter le fumier est très-simple. On le dispose par tas de deux mètres cubes sur un terrain légèrement en pente et entouré de rigoles qui viennent aboutir à une fosse destinée à recevoir le *purin ;* lorsque la fosse est pleine, on arrose le tas de fumier avec le purin qu'elle contient, ou bien on porte cet engrais liquide sur les champs les plus voisins de l'exploitation. Le fumier tiré de l'étable doit être étendu avec soin par couches, et non pas jeté par paquets sur le tas de fumier, comme cela n'arrive que trop souvent, car, dans ce cas, il se décompose inégalement. Autant que possible, il faut placer les tas de fumier au nord ; cette précaution, cependant, devient moins nécessaire quand on a soin d'arroser le fumier ou de couvrir sa surface d'une couche de terre de 16 à 32 centimètres d'épaisseur.

En général, en France, on transporte le fumier sur les terres lorsqu'il est consommé, c'est-à-dire, quand il compte de 3 à 6 mois de séjour dans la cour de la ferme ; ce fumier a l'avantage de ne point apporter de semences de mauvaises herbes dans les champs, il convient aux sols sablonneux et calcaires ; mais sur les terres argileuses, il vaut mieux employer le fumier à l'état frais, c'est-à-dire, peu de temps après qu'il a a été tiré de l'étable, parce qu'alors il divise mieux le sol, lui communique plus de chaleur et fait sentir ses effets plus longtemps; il y a toujours avantage à l'appliquer ainsi aux récoltes sarclées, les cultures qu'on leur donne pendant leur végétation laissant la terre parfaitement nette de mauvaises herbes.

Le fumier conduit dans les champs peut rester étendu à la surface du sol, c'est ce qu'on appelle *fumer en couverture*; on peut aussi l'enterrer par un labour. La première méthode est excellente sur les terres très-légères qu'il importe de soulever le moins possible : on répand le fumier en couverture, soit sur la semence peu de temps après qu'elle a été mise en terre, soit sur les plantes en végétation, soit encore sur la terre qui ne doit être labourée qu'à la fin de l'hiver; mais, dans ce cas, il faut que le terrain ne soit pas trop en pente, afin que les pluies n'entraînent pas l'engrais hors de la pièce. La seconde méthode, celle d'enfouir le fumier par le labour, est la plus généralement usitée : l'espèce de récoltes qu'on veut cultiver et l'état du sol peuvent seuls décider s'il est préférable d'enterrer le fumier au premier, au second ou au dernier labour.

Quel que soit, du reste, celui de ces procédés qu'on adopte, il est de la plus haute importance, lorsque le fumier est transporté sur les champs, d'étendre les tas le plus tôt possible, en divisant bien le fumier et en le répartissant également sur toute la pièce. Quand on laisse le fumier séjourner en tas sur la même place, on s'expose à deux inconvénients : le premier, de voir une partie du fumier s'évaporer en pure perte; le second, d'accumuler une trop forte dose d'engrais à la même place, ce qui rend les récoltes inégales et les fait quelquefois verser; on commet souvent cette faute. Le fumier, frais ou consommé, doit toujours être enterré peu profondément. La quantité de fumier à appliquer au sol dépend beaucoup de la nature du terrain et de l'état dans lequel il se trouve; il faut d'autant plus de fumier, que le sol est plus épuisé; les terrains argileux demandent à être fumés tout d'un coup fortement; pour les terres légères, il vaut mieux revenir plus souvent à la fumure, et la donner moins forte chaque fois.

Engrais minéraux.

La suie, les cendres, la tourbe et le plâtre constituent les *engrais minéraux.*

La suie est un engrais très-énergique qui convient surtout aux prés humides: toutefois, les frais de cette dépense ne sont couverts qu'autant que le sol a été préalablement assaini par des desséchements: sur les vieux prés, elle agit en faisant périr la mousse et en donnant plus de vigueur à l'herbe. On la répand à la volée au commencement du printemps.

Les cendres doivent être rangées également parmi les engrais les plus énergiques: il est rare qu'on les emploie pures: en cet état, elles servent aux usages domestiques, et ce n'est qu'après qu'elles ont été lessivées, qu'on les applique aux besoins de l'agriculture. Cette espèce d'engrais est ordinairement réservée pour les prairies. On répand les cendres au printemps, dans la proportion de 25 à 30 hectolitres par hectare ; elles font périr la mousse, et facilitent en même temps la végétation des bonnes herbes, particulièrement du trèfle blanc. On se trouve aussi très-bien de leur emploi sur les terres sablonneuses. Il faut avoir soin de les conserver à l'abri de l'humidité ; sans cela, elles perdent beaucoup de leur valeur : il est utile, pour cette raison, de les enfouir le plus tôt possible après les avoir déposées sur le sol.

La tourbe employée telle qu'on l'extrait du sol ne fournit qu'un engrais très-médiocre, par suite de ses propriétés acides ; mais quand elle a été bien divisée et aérée, ou mieux encore, quand on l'a mêlée avec de la chaux, elle forme un bon engrais. La meilleure manière cependant d'employer la tourbe, est de la placer dans les bergeries, au-dessous de la litière, en l'étendant par couches régulières ; elle s'imprègne alors de l'urine des bestiaux, perd son acidité, double sa propriété fertilisante, et peut être appliquée avec avantage aux récoltes, notamment aux semailles languissantes : les cendres de tourbe s'appliquent comme engrais aux prairies.

Le plâtre s'emploie principalement sur les prairies artificielles. Cuit ou crû, son action est la même sur les plantes ; seulement, pour qu'il produise tous ses effets, il faut qu'il soit complètement réduit en poudre, et suivant quelques cultivateurs, qu'il soit répandu avant l'hiver. Il agit davantage sur les terrains secs que sur les terrains humides ; un temps constamment pluvieux empêche qu'il n'ait de bons résultats ; son action est nulle sur les terrains épuisés. Le plâtre se sème à la volée, dans la proportion de 2 à 300 kilogrammes par hectare; autant que possible, on choisit, pour le répandre, un jour où il ne fait pas de vent. En général, c'est au printemps qu'on sème le plâtre, quand la température s'est adoucie et que les plantes couvrent déjà la terre. On peut le répandre en une seule fois au mois d'avril, ou bien en mettre la moitié au mois d'août, après l'enlèvement de la céréale qui abritait la jeune prairie artificielle, et l'autre moitié au printemps; d'excellents cultivateurs, placés dans des vallées profondes, attendent, pour répandre le plâtre au printemps, que les dernières gelées soient passées, parce que, en plâtrant de bonne heure, on hâte la végétation des plantes et on les expose à souffrir davantage des derniers froids : cette précaution est souvent nécessaire dans les bas-fonds sujets aux gelées tardives.

L'usage de plâtrer les prairies artificielles est suivi aujourd'hui avec succès dans une grande partie de la France.

Indépendamment des engrais ci-dessus mentionnés, il en est un auquel plusieurs contrées ont recours, dans des cas particuliers, c'est l'engrais résultant de l'*écobuage*.

Écobuer un terrain, c'est enlever sa couche superficielle, la disposer par petits tas sur le sol pour la faire sécher, y mettre le feu, et se servir des cendres qui proviennent de la combustion en guise d'engrais. L'écobuage est un bon moyen d'accélérer le desséchement des terrains marécageux : on l'emploie aussi avec succès, de loin en loin, pour détruire les mauvaises herbes dans les sols riches; mais il faut bien se garder d'y revenir souvent, sous peine de nuire au sol. L'opération de l'écobuage se pratique, en général, d'une manière judicieuse. Pour écroûter le terrain, les uns se servent d'une charrue dont le versoir est très-large, les autres emploient une pelle à cet usage. On détache la surface du sol par bandes très-minces, qu'on divise ensuite avec une bêche, en cubes de 65 centimètres, puis on les dresse en tas arrondis. Quand les tranches sont suffisamment sèches, on introduit dans l'intérieur des tas certaines matières inflammables, telles que des brindilles ou des herbes desséchées, on y met le feu en ayant soin de laisser le moins d'air possible s'introduire dans les tas, afin que la combustion s'opère lentement : quand tout est consumé, on répand les cendres à la surface du champ, et on les enterre le plus tôt possible par un labour léger. L'écobuage a lieu communément dans les mois de juillet et d'août. Les mauvais cultivateurs seuls profitent de l'écobuage pour se dispenser d'appliquer à leurs terres le fumier dont elles ont besoin, aussi les épuisent-ils en fort peu de temps. L'écobuage ne dispense de fumer que pendant l'année de l'opération : l'année suivante, il faut avoir soin d'appliquer des engrais. L'écobuage, sagement appliqué, produit de bons résultats dans les sols argileux : il faut en être très-sobre dans les terres légères.

CULTURE DU SOL ET INSTRUMENTS ARATOIRES.

Il est imposible d'obtenir des récoltes du sol dans l'état où la nature l'a livré à l'industrie de l'homme :

tantôt il est encombré de roches ou de racines qui empêchent les instruments aratoires de fonctionner ; tantôt le sol contient un excès d'humidité qui compromettrait les récoltes : dans ce cas, avant de mettre le terrain en culture, il faut lui faire subir une opération préliminaire connue sous le nom de *défrichement* ; il faut encore entreprendre des travaux d'*assainissement* pour écouler les eaux : le sol, enfin, a besoin, chaque année, de recevoir une préparation spéciale pour la semence qu'on veut lui confier : cette préparation s'effectue principalement à l'aide des labours, elle constitue la *culture du sol proprement dite*.

Défrichements. Ils ont pour but d'enlever les arbres, les buissons, les racines, les pierres qui font obstacle à la culture. Les arbres doivent être arrachés avec leur souche, on cherche en même temps à enlever les plus grosses racines : cela fait, on remplit le trou de terre et l'on cultive le terrain à la pioche, ou, plus économiquement encore, avec une forte charrue, lorsque la disposition du sol permet d'en faire usage. Quand les pierres sont trop grosses pour être extraites du champ, on mine le terrain autour d'elles, de manière à les enfoncer plus avant dans le sol, et à les mettre ainsi hors des atteintes de la charrue ; on peut aussi, dans certains cas, se servir de pétards pour les extraire avec plus de facilité. Les champs encombrés de roches ou de grosses pierres valent rarement la peine d'être mis en culture : il est plus économique, soit de les planter en bois, soit d'y mettre de la vigne, des mûriers, quand le climat et l'exposition le permettent, ou bien de les convertir en pâturage lorsqu'on peut aisément les arroser ou les alimenter d'un cours d'eau.

Assainissement du sol. Lorsque le terrain est très-argileux, lorsque le sous-sol est très-près de la surface, que les eaux ne peuvent s'y perdre, ou qu'il recèle des sources, il faut absolument trouver un moyen d'écouler ces eaux surabondantes avant de songer à mettre le terrain en culture. Pour cela, on commence par reconnaitre la pente du sol, on établit des petits fossés ou rigoles qui, sillonnant le champ en divers sens, recueillent sur leur passage toutes les eaux qui s'y répandent et viennent aboutir à un fossé de décharge, à l'extrémité de la pièce ou bien à un boit-tout artificiel. Cette méthode, bien qu'atteignant complètement le but qu'on se propose, a cependant l'inconvénient de faire perdre beaucoup de terrain et de gêner les cultures. On peut souvent y suppléer par des fossés couverts; ceux-ci consistent à ouvrir, au-dessous de la couche atteinte par les labours, des rigoles dont on emplit le fond avec des pierrailles ou des fascines en bois d'aulne; on recouvre ces matériaux de terre, et l'on fait passer la charrue à la surface pour niveler le tout. Quand les fossés-couverts ont été bien confectionnés, il suffit de surveiller leur entretien pour assurer l'écoulement du sol. Ces travaux, du reste, ne sont indispensables que lorsque les infiltrations de l'eau sont considérables; dans les cas ordinaires, on combat avec succès l'humidité du sol par des labours plus profonds et de simples rigoles d'écoulement tirées dans le sens de la pente du terrain.

Le *labour* est une opération qui a pour but d'ameublir le sol, de mélanger les différentes terres dont il est composé, de les exposer à l'action bienfaisante de l'air, de l'eau et de la chaleur, de détruire les mauvaises herbes, d'enfouir le fumier, et d'enterrer aussi quelquefois la semence.

Labourer, dans le sens rigoureux du mot, c'est séparer une bande de terre, la détacher du sol et la renverser de manière que la partie inférieure de la couche arable soit amenée à la surface. Trois choses principales sont à considérer dans le labour : sa profondeur, la largeur de la bande de terre retournée par la charrue, et l'époque à laquelle on exécute l'opération.

La profondeur du labour n'est pas une chose indifférente. Les terrains remués profondément souffrent moins de la sécheresse et de l'humidité, que ceux qui sont habituellement labourés superficiellement. Lorsqu'il pleut, l'eau descend aussi bas que s'étend la couche arable, celle-ci absorbe une quantité d'eau proportionnelle à sa profondeur avant de la laisser refluer à la surface ; quand la sécheresse se fait sentir, l'humidité contenue dans le sol se trouvant à l'abri du soleil et du vent, remonte par degrés jusqu'aux racines des plantes. Les terrains labourés profondément offrent encore d'autres résultats : les plantes y étendent plus librement leurs racines, elles s'y développent mieux, et sont moins sujettes à verser ; le sol, en outre, est moins vite épuisé. Les labours profonds sont donc très-avantageux ; mais on ne peut pas toujours y recourir. Indépendamment des cultures qui doivent être nécessairement superficielles, telles que le déchaumage, l'enfouissement du fumier et de la semence, il est des circonstances qui s'opposent à ce qu'on laboure profondément. Si la nature du terrain est telle, par fois, qu'il suffise d'enfoncer la charrue plus avant dans le sol pour augmenter l'épaisseur de la couche végétale, d'autres fois, celle-ci repose sur un tuf pierreux qu'il serait impossible d'entamer ; d'autres fois encore, le sous-sol diffère entièrement de la couche arable ; dans ce cas, si l'on amenait tout d'un coup une partie considérable de terre nouvelle à la surface, on causerait, en général, un préjudice notable au sol pendant plusieurs années ; il faut alors se contenter d'approfondir par degrés : chaque année, on fait piquer un peu plus avant la charrue, et l'on applique immédiatement le fumier à la terre qui n'a point encore été exposée à l'action de l'air ; ces opérations répétées finissent par lui communiquer toutes les qualités de la couche arable, au point qu'il est impossible de l'en distinguer. En général, les cultivateurs labourent trop superficiellement ; dans un grand nombre de localités, on pourrait augmenter avec profit l'épaisseur de la couche végétale, pourvu que l'on fumât proportionnellement davantage.

La largeur de la bande de terre que doit prendre la charrue dépend de la nature du sol et de la profondeur du labour. Lorsque le terrain est léger, il importe peu que la bande de terre soit large ou étroite, cette sorte de terre parvenant toujours à un assez haut degré d'ameublissement. Il n'en est pas de même pour les sols argileux. Si la bande de terre est mince et large, elle se renversera à plat, et dès-lors l'atmosphère aura moins d'action sur elle, elle s'ameublira moins, et les instruments auront peu de prise sur des bandes couchées à plat l'une sur l'autre. Au contraire, en leur donnant une largeur de 16 centimètres sur 10 centimètres d'épaisseur, on les renversera à moitié sous un angle de 45 degrés, elles s'affaisseront peu à peu sur elles-mêmes, et leurs arêtes seront facilement déchirées par les instruments. On prend, en général, des bandes de terre trop larges, relativement à leur épaisseur; par ce moyen, il est vrai, le labour a plus de *mine*, et le travail s'expédie plus promptement, mais il laisse beaucoup à désirer pour la qualité.

Le moment auquel il convient de donner le labour dépend de l'état du sol et du but qu'on se propose. Lorsque le terrain est trop sec, le labour est très-pénible, et le sol, au lieu de se diviser en tranches égales, se sépare en mottes de diverses grosseurs, inconvénient médiocre toutefois, si l'on néglige le surcroît de tirage qu'éprouvent les attelages et l'augmentation de la dépense, car ces mottes se déliteront à la première pluie un peu forte, et il suffira, dans ce cas, d'un coup de herse croisé pour mettre le sol en bon état d'ameublissement. Le labour, dans un terrain trop humide, entraîne de fâcheuses conséquences : les bandes de terre deviennent très-adhérentes, et, en séchant, elles se durcissent au point de ne pouvoir plus être divisées que par les gelées; les animaux se fatiguent extrêmement à ce travail nuisible, et les semences des mauvaises herbes se conservent jusqu'à ce que l'ameublissement ultérieur du sol leur permette de lever.

Lorsqu'on a principalement en vue l'ameublissement du sol, les labours d'hiver l'emportent sur tous les autres dans les terres argilo-calcaires, parce qu'alors la gelée vient au secours du cultivateur, et pulvérise le sol aussi bien que le meilleur des instruments. Veut-on surtout détruire les mauvaises herbes, il faut distinguer : suivant que celles-ci se propagent par leurs semences, ou par leurs racines, l'époque la plus favorable pour labourer n'est pas la même. Dans le premier cas, il suffit de labourer au moment où le sol se laisse aisément entamer par les instruments ; en ameublissant simplement la surface, on mettra les semences en état de germer, et, une fois levées, on pourra les détruire par une culture subséquente. Pour les mauvaises herbes qui se propagent par leurs racines, il faut suivre un procédé tout particulier, c'est-à-dire, qu'on aura soin de ne labourer que par la sécheresse ; c'est en brisant fréquemment les jeunes pousses de ces plantes, et en les exposant au soleil qu'on parvient à en débarrasser le sol ; les labours donnés comme de coutume, c'est-à-dire par un temps frais ou légèrement humide, loin d'extirper les plantes à racines traçantes, ne feraient que les multiplier davantage.

Instruments aratoires.

Les principaux instruments employés à la culture du sol, sont : la charrue, la herse, le rouleau, la houe à cheval, le butoir et l'extirpateur.

Charrue. La charrue est l'instrument le plus utile au cultivateur ; elle se compose des pièces suivantes : 1° du *sep*, partie inférieure et en même temps base de la charrue, tantôt en fer, tantôt en bois, et garni d'une lame en fer : lorsque la charrue est en mouvement, le sep glisse au fond du sillon ; 2° le *soc* destiné à couper horizontalement la bande de terre : il est en fer aciéré ou en acier, et se compose d'une ou deux *ailes* et d'une *douille* ou *emboîture*; 3º le *coutre*, espèce de long couteau placé un peu en avant du soc, et dont la fonction est de couper perpendiculairement la bande de terre; 4º le *versoir*, pièce en bois, en fer ou en fonte, variant de forme dans chaque pays, selon la charrue qu'on y emploie; le versoir est la pièce caractéristique de la charrue : il sert à soulever et renverser la bande de terre détachée par le soc et le coutre; 5º l'*âge* appelé aussi *haie*, pièce en bois au moyen de laquelle la charrue, tirée par les animaux, chemine dans le sol; 6º les *étançons*, supports en bois ou en fer, unissant le sep à l'âge : quelques charrues n'ont qu'un seul étançon; la plupart en ont deux; 7º les *mancherons*, servant à tenir la charrue et à la diriger; 8º l'*avant-train* placé en dehors du corps de la charrue, et lui servant d'appui. Toutes les charrues ne sont pas munies de cette pièce : celles qui ne l'ont pas, se nomment des *araires*; en général, ces dernières fatiguent moins les animaux, parce que la ligne de tirage est plus directe que dans les charrues à avant-train; mais elles exigent plus d'attention de la part du laboureur : il faut aussi que toutes leurs pièces soient construites avec la plus grande exactitude, sous peine de rendre l'instrument très-défectueux. Soit qu'on adopte l'avant-train, ou qu'on préfère l'araire, la charrue, pour être bonne, doit remplir les conditions suivantes :

1º Le soc doit être plat et tranchant;

2º Le versoir doit renverser la bande de terre sous un angle de 45 degrés, et bien évider le fond du sillon;

3° Il faut que la charrue donne le moins de tirage possible.

Herse. La herse est un instrument dont on se sert pour ameublir et niveler le sol, détruire les mauvaises herbes déjà levées, et enfouir la semence. La forme des herses est à peu près indifférente; elles peuvent être en losange, carrées ou triangulaires. Trois points sont essentiels dans la construction d'une herse : 1° les dents doivent être placées de manière que les raies qu'elles tracent sur le sol se trouvent à une égale distance les unes des autres ; 2° chaque dent doit tracer sa raie et ne pas se confondre avec la raie tracée par une autre dent ; 3° les raies doivent être assez écartées pour que la terre ne s'amoncèle pas dans leurs intervalles.

Les dents de la herse peuvent être en bois ou en fer ; les premières conviennent dans les terres légères, les secondes sont préférables dans les terres fortes, surtout quand elles sont inclinées en avant. Le choix du moment favorable pour herser est d'une grande importance dans les terres argileuses. Il est nécessaire de herser immédiatement après le labour ; si l'on différait cette opération, les mottes prendraient trop de consistance, et l'instrument n'aurait plus d'action sur elles ; dans les terres sablonneuses, on peut herser à peu près à toutes les époques ; cependant, si le terrain contient des semences de mauvaises herbes qu'on cherche à détruire, il vaut mieux attendre leur levée que de herser immédiatement après le labour. Dans les terres argilo-siliceuses non sujettes à se battre, le hersage peut être donné quelques jours après le labour ; il en est de même pour les sols argilo-calcaires : dans aucune terre, toutefois, il ne faut herser par un temps humide, sous peine de faire une très-mauvaise besogne. Lorsque la herse passe une ou deux fois dans le même sens, on dit que le champ a reçu une ou deux dents de herse ; les hersages croisés sont ordinairement avantageux.

Rouleau. Le rouleau, sur les terres fortes, est destiné à briser les mottes ; sur les terres légères, il a pour but principal de les tasser pour leur donner plus de consistance, et leur conserver de la fraîcheur. Plus le rouleau a de longueur relativement à son diamètre, moins il produit d'effet : les meilleurs rouleaux sont ceux qui ont de 1 mètre à 1 mètre 20 centimètres de longueur, sur un diamètre de 65 centimètres. On ne doit jamais rouler quand la terre est assez humide pour s'attacher à l'instrument ; le moment le plus opportun pour ce travail est celui où le sol est suffisamment ressuyé, et où les mottes se laissent facilement écraser : ce moment doit être saisi avec soin dans les terres argileuses ; sans cela, la terre se durcit et rend l'opération inutile.

Houe à cheval. Cet instrument a un double but à atteindre : il doit ameublir le sol, et, en même temps, couper entre deux terres les mauvaises herbes qu'il contient ; cette opération simultanée est produite par les palettes tranchantes qui arment la partie antérieure de l'instrument, et par les dents qui le terminent à son extrémité postérieure. Les meilleures herses sont celles qui sont construites de telle sorte que les lames et les dents alternent les unes avec les autres sans se confondre, et qu'on puisse prendre plus ou moins d'écartement. La houe à cheval est un instrument de première nécessité ; lorsqu'on cultive des plantes sarclées, elle économise singulièrement les frais de main-d'œuvre ; il suffit d'une seule bête pour la conduire.

Butoir. Le butoir, dans la culture des récoltes sarclées, est souvent appelé à compléter le travail de la houe à cheval, en portant de la terre meuble au pied des plantes, et en les chaussant ainsi à une hauteur déterminée. L'instrument consiste principalement en deux versoirs susceptibles d'être rapprochés ou écartés l'un de l'autre ; il est d'une nécessité absolue dans la culture des pommes de terre : suivant l'énergie du butage, il faut atteler une ou deux bêtes à l'instrument.

Extirpateur. Plusieurs contrées font un grand usage de cet instrument pour enfouir les grains d'automne. On pourrait l'employer avec succès dans la préparation des terres pour les semailles de printemps, lorsque le sol a déjà reçu un labour profond avant l'hiver. L'extirpateur le plus répandu se compose de dents en fer légèrement inclinées en avant, et placées sur deux rangs, à l'intérieur d'un châssis triangulaire ; cinq dents occupent la traverse postérieure, et trois l'antérieure ; quelques cultivateurs ont remplacé ces dents par sept petits socs placés sur trois rangs, légèrement courbés en avant, et ayant leurs ailes repliées en arrière : l'instrument, ainsi modifié, a plus d'énergie ; c'est celui qui convient le mieux pour remplacer le travail de la charrue dans les seconds labours et le déchaumage.

CULTURE DES PLANTES.

Les plantes le plus généralement cultivées, sont, parmi les céréales : le froment, le seigle, le méteil, l'orge, l'avoine et le maïs ; le sarrasin ; parmi les légumes, les haricots, les fèves, les lentilles et les pois ; comme plantes oléagineuses, le colza et la navette ; comme plantes textiles, le chanvre et le lin ; parmi les récoltes-racines, les pommes de terre, les betteraves, les navets, les rutabagas ; comme prairies artificielles, le trèfle, la luzerne, le sainfoin, le trèfle incarnat et les vesces ; puis enfin les prairies naturelles.

CÉRÉALES.

Le *froment* est la plus importante des céréales en France, car c'est de lui que nous tirons notre principale nourriture.

On cultive un grand nombre de variétés de froment en France. Toutes peuvent se rapporter à deux types : les blés barbus et les blés sans barbes : les premiers conviennent surtout aux terrains bas et humides ; les autres ont plus de valeur dans le commerce.

Le froment, quelle que soit sa variété, se plaît dans les sols plutôt argileux que sablonneux : plus le climat est sec, plus la condition d'un sol consistant est nécessaire ; le froment ne réussit dans les terres sablonneuses, qu'autant que le climat est humide et doué d'une haute fertilité.

La préparation qu'on doit donner au sol destiné à porter du froment, dépend beaucoup de la place que celui-ci occupe dans l'assolement. Quand il vient sur jachère, on prépare le terrain par trois ou quatre labours. Après du trèfle, du chanvre, on ne donne ordinairement qu'un seul labour ; après du colza, le sol reçoit deux ou trois labours. On aime, en général, que le blé lève dans une terre meuble, et que ses racines s'enfoncent dans un terrain un peu ferme : c'est pourquoi il faut avoir soin de labourer trois semaines ou un mois avant les semailles ; au moment de répandre le grain, on ameublit la surface par un ou deux tours de herse. Le choix de la semence est très-important, parce qu'un grain vicieux ou chétif est plus sujet à être attaqué par la carie. Cette maladie, particulière au blé, est héréditaire ; elle passe dans sa tige et arrive jusqu'au grain dont elle décompose la farine en la changeant en une poussière noire et fétide. Pour préserver le blé de la carie, on emploie plusieurs procédés connus sous les noms de *chaulage* et de *vitriolage* : ils consistent à faire dissoudre de la chaux ou du vitriol dans l'eau, et à y plonger le blé. Beaucoup de cultivateurs se contentent de verser le liquide sur le blé et de le brasser ensuite à plusieurs reprises ; la méthode la plus parfaite est celle-ci : on jette un morceau de chaux ou de vitriol dans un chaudron ou un cuvier rempli d'eau jusqu'aux deux tiers : quand l'une ou l'autre substance est entièrement dissoute, on verse le blé dans le liquide, on écume tous les grains légers qui nagent à la surface, et l'on brasse en même temps le blé couvert par le liquide. Quand le grain est suffisamment imprégné, on le retire du cuvier et on le dépose en tas pour le faire sécher jusqu'au moment des semailles.

Les doses de chaux et de vitriol employées pour préserver le blé de la carie varient suivant les localités : on met communément 150 à 200 grammes par hectolitre de grain. Certains cultivateurs ont recours à un mode particulier de sulfatage : ils font tremper, à différentes reprises, le blé dans un cuvier contenant du vitriol dissous dans l'eau : au sortir du cuvier, ils le saupoudrent de chaux éteinte : la dessiccation du grain s'opère ainsi très-promptement : cet excellent procédé mériterait d'être généralement imité. D'après M. de Dombasle, une addition de sel contribue encore à préserver le blé de la carie.

Beaucoup de cultivateurs ont l'habitude de changer de temps en temps leur blé de semence, en le tirant, autant que possible, d'une terre de nature différente de celle qu'ils exploitent : prenant ainsi ce qu'ils trouvent de plus beau et de plus propre en grains, ils sont assurés d'une excellente récolte : cet avantage, toutefois, peut être obtenu sans changer de semence : il suffit de récolter chez soi, un blé bien nourri, bien mur et exempt de mauvaises herbes ; quand on ne peut réunir ces diverses conditions, il vaut mieux aller chercher ailleurs son blé de semence, car d'un grain imparfait il ne peut résulter qu'une mauvaise récolte.

L'époque de la semaille ne saurait être déterminée d'une manière absolue : elle dépend de la nature de la terre, de sa fertilité, des façons qu'elle a reçues et du climat. Toutes circonstances d'ailleurs égales, les terres fortes demandent à être semées plus tôt que les terres légères : on doit également semer plus tôt dans les sols pauvres que dans les sols riches : plus le climat est rigoureux ou sujet aux pluies, plus il faut semer de bonne heure.

Le blé se sème généralement à la volée : dans un petit nombre de localités on a essayé de le semer au semoir.

La quantité de semence à employer doit se régler surtout d'après l'époque à laquelle on sème. Il faut moins de grains pour les semailles précoces, et davantage quand la semaille est tardive. Selon la nature du sol, on enterre la semence à la herse, c'est ce qui a lieu généralement dans les terrains argileux; dans les terres légères, on sème souvent *sous raies*, c'est-à-dire, que le grain est enfoui par un labour léger. Pendant l'hiver, si la terre est forte, il faut avoir soin de tirer des raies d'écoulement à travers la pièce : cette précaution est rarement nécessaire dans les sols sablonneux dont le sous-sol ne retient pas l'eau.

Le hersage du blé au printemps est une opération essentielle à laquelle bien peu d'agriculteurs donnent l'attention qu'elle mérite. Il est rare qu'à la fin de l'hiver, la surface du sol n'ait pas été battue par les pluies; dans cet état, les plantes ne peuvent prospérer, elles souffrent et prennent une teinte jaunâtre : un ou deux hersages appliqués énergiquement avec une herse en fer produisent alors d'excellents effets, ils font *taller* le blé en apportant de la terre meuble autour de ses tiges et en les aérant. Il est deux cas cependant où le hersage est plutôt nuisible qu'utile, c'est 1° lorsque le sol est une terre blanche se prenant en croûte, et ne s'ameublissant pas par les gelées; 2° lorsque les gels et les dégels ont déchaussé le blé : dans ce dernier cas, ce n'est plus la herse qu'il faut employer, c'est le **rouleau** dont il faut faire usage.

Indépendamment du tallement qu'il procure, le hersage a encore pour effet de détruire les mauvaises herbes. La herse fait justice de toutes les graines récemment levées; quant à celles qui résistent à l'instrument, on s'en débarrasse par le sarclage à la main : cette opération ne devrait jamais marcher seule, elle est le complément obligé du hersage.

Si le blé excité par une fumure abondante et par une température extraordinaire venait à s'emporter au printemps, de manière à faire craindre que, plus tard, la récolte n'ayant pas la force de se tenir droite, versât, on arrêterait sa végétation, soit en le faisant pâturer légèrement par le bétail, ou bien en retranchant les sommités des tiges avec la faulx ou la faucille.

La maturité du blé se reconnaît à sa couleur jaune et à la courbe que décrit l'épi en se penchant sur la tige. L'expérience a constaté que le blé coupé un peu sur le vert, c'est-à-dire, lorsque le grain n'est pas entièrement mûr, a plus de qualité pour la vente que celui dont on a attendu la maturité complète; ce dernier est sujet à se racornir; l'autre, au contraire, est lisse et contient une belle farine blanche; le froment seul destiné à servir de grain de semence, doit être récolté dans un état de parfaite maturité.

Le blé se coupe à la faucille ou volant, et à la faulx; le premier de ces instruments expédie moins d'ouvrage, mais il permet d'utiliser les jeunes gens, les femmes, les vieillards; la faulx est préférable quand on veut aller vite : si les ouvriers sont habiles, ils n'égrènent pas plus les gerbes que les faucilleurs. Dans certaines localités, on commence par couper à mi-chaume avec la faucille, et plus tard, lorsque l'herbe est suffisamment grande, on fauche ce qui reste pour servir de nourriture à l'étable : ce procédé permet de récolter le grain net de mauvaises herbes, et d'augmenter la provende pour le bétail; mais il a l'inconvénient de doubler les frais du fauchage.

La dessiccation de la récolte s'opère de plusieurs manières : les uns disposent d'abord les gerbes *en dizeaux*, *en croix*, et les mettent ensuite en meules jusqu'au moment du battage; les autres font sécher la récolte en moyettes ou petites meules, et la rentrent lorsqu'elle est suffisamment sèche : le point essentiel, dans cette opération, est de disposer les gerbes de telle sorte, qu'elles puissent résister au mauvais temps, et qu'ainsi les épis se trouvent préservés par la paille faisant l'office de toiture. Dans les pays chauds, il suffit de vingt-quatre heures de soleil pour achever la complète dessiccation des gerbes.

Le battage du blé s'effectue, suivant les pays, par le fléau, les machines à battre, et à l'aide des bêtes de trait agissant uniquement avec leurs pieds ou mettant en action un rouleau en pierre ou en bois : ces dernières méthodes, particulières au midi, sont connues sous le nom de dépiquage.

Le rendement du blé dépend de la fertilité du sol, des soins qu'on a donnés à la récolte, et de la température plus ou moins favorable de l'année.

Seigle.

Le seigle préfère une terre légère à une terre forte, il réussit dans les sables où nulle autre céréale ne pourrait prospérer; il est aussi moins difficile que le blé sur la fertilité du sol, c'est pourquoi on le sème communément dans les terrains maigres.

Le sol destiné à être ensemencé en seigle, doit être bien préparé. Quand on place le seigle sur une jachère, on donne trois ou quatre labours; après une céréale, il est rare qu'on laboure plus de deux fois; après des vesces, des pois et du trèfle, on donne rarement plus d'un labour. Quel que soit, du reste, le nombre de façons que l'on donne au terrain, il faut avoir soin de ne semer le seigle que sur vieux labour; cette précaution est d'autant plus nécessaire, que le sol est plus sablonneux.

Les semailles du seigle doivent toujours s'effectuer par un temps sec. Plus elles sont précoces, moins il faut employer de semence, on met 2 à 3 hectolitres par hectare; les semailles faites de bonne heure sont généralement regardées comme les meilleures. Le seigle doit être enterré moins profondément que les autres céréales; on peut se contenter de l'enfouir à la herse dans les terres silico-argileuses; dans les terres sablonneuses, on se sert souvent de la charrue pour enterrer la semence; si le climat est humide, la herse suffit. Les terres à seigle étant naturellement très-saines, n'ont pas besoin d'être égouttées pendant l'hiver; aussi se dispense-t-on de tirer des raies d'écoulement à travers le champ, celui-ci passe tout l'hiver dans l'état où il s'est trouvé à l'époque des semailles. On se dispense généralement de herser le seigle au printemps, mais c'est à tort ; le hersage ne lui profiterait pas moins qu'au blé : pour cette opération, la herse en bois suffit, celle à dents de fer peut être employée avec avantage dans les sols silico-argileux. Le sarclage doit toujours marcher de front avec le hersage, il en est le complément obligé, car plus la terre est propre, plus il y a de chances pour que la récolte et celle qui lui succède soient abondantes.

Le seigle se coupe à la faulx ou à la faucille : les gerbes restent vingt-quatre heures en javelles sur le sol ; quand elles ont commencé à sécher, on les dispose en dizeaux, en croix, en moyettes, et on les enmeule ensuite avant de les engranger.

Le seigle ne le cède pas au blé quant à la production en grains, il le surpasse pour le produit en paille. Pourvu que le seigle trouve un champ bien préparé, qu'il soit semé en saison convenable, sur vieux labour et par un temps sec, sa réussite est assurée, à moins que les gelées tardives ne le surprennent au moment de sa floraison : cet accident est plus fréquent dans les bas-fonds que dans les pays de plaines élevées.

Méteil.

On donne le nom de *méteil* à un mélange de blé et de seigle qu'on cultive ordinairement dans les terres qui ne sont pas assez riches pour porter du blé pur, et qui contiennent cependant assez de fertilité pour produire à la fois l'un et l'autre grain. Une des propriétés les plus remarquables du méteil, est de réussir plus sûrement que toute récolte de blé ou de seigle semée séparément, de donner des produits plus abondants, de rendre plus de paille, et de n'être pas aussi sujet à verser. En général, on mélange par moitié les deux grains; lorsque la terre convient mieux au seigle qu'au blé, il est préférable de ne mettre qu'un tiers de blé contre deux tiers de seigle. La semaille du méteil a lieu à peu près à la même époque que pour le froment; mais on doit éviter avec soin de semer à l'arrière-saison, à cause du seigle qui souffrirait de ce retard. Le hersage au printemps, ainsi que le sarclage, sont deux opérations qu'il ne faut pas négliger. La récolte s'effectue de la même manière que pour le blé et le seigle.

Orge.

On cultive deux variétés principales d'orge, celle d'hiver et celle de printemps.

L'orge d'hiver veut une terre riche, plutôt fraîche que sèche, et d'une certaine consistance; les sols argilo-calcaires lui conviennent de préférence à tous autres. Le terrain se prépare comme pour le blé; on donne deux ou trois labours et l'on sème dans le courant de septembre, en répandant depuis 150 jusqu'à 200 litres par hectare. On enterre la semence à la herse ou à la charrue. Le hersage, au printemps, est très-favorable à l'orge; on doit la sarcler avec soin, surtout lorsqu'elle succède à une céréale. L'orge d'hiver mûrit de bonne heure; on la coupe soit avec la faucille,

soit avec la faulx : les autres opérations de la moisson
se traitent comme pour le blé.

La culture de l'orge de printemps ne diffère guère
de celle qui précède, que par l'époque des semailles.
Cette variété d'orge supporte beaucoup mieux que
l'autre un terrain sec, elle veut cependant une terre
riche et assez liée : les sols en [illegible] ... en bon état
d'engrais, sont ceux qui lui [illegible] ... Suivant les climats, l'orge de printemps se sème de ...
mars jusqu'à la mi-mai ; on met environ 130 litres de
semence par hectare ; un tour de herse ... et un tour
de rouleau après la semaille sont [illegible] convenables
lorsque la température est sèche ; on ne herse pas
quand les grains sont levés : la moisson s'effectue de
même que pour l'orge d'hiver.

AVOINE.

L'avoine forme un des produits les plus importants
de la culture dans certaines parties de la France. On
en connaît plusieurs variétés ; les principales sont :
l'avoine blanche, l'avoine noire, et l'avoine de Hongrie
qu'on sème avant l'hiver ; les deux autres sont les plus
répandues.

L'avoine est la moins difficile de toutes les céréales
tant sur la nature du sol que sur son état de fertilité
et les récoltes qui la précèdent. Elle réussit principalement dans les terres riches d'engrais, et qui se
maintiennent fraîches pendant les chaleurs de l'été ;
elle ne donne que de minces produits dans les terrains
secs ; sur les sols tourbeux, assainis et rendus consi-

stants, elle donne de bons résultats : l'acidité de cette espèce de terrain n'est point un obstacle à sa réussite. Le sol destiné à porter de l'avoine doit être préparé par deux ou trois labours. Les semailles précoces, surtout pour l'avoine de printemps, sont les meilleures ; quand on sème tard, l'avoine est plus exposée à souffrir de la sécheresse : l'avoine d'hiver se sème généralement en septembre ou octobre. L'avoine de printemps est mise en terre, suivant les pays, tantôt en février, tantôt en mars, et jusque dans la première quinzaine d'avril. On répand depuis 2 jusqu'à 3 hectolitres de semence par hectare. On enterre la semence à la charrue et à la herse : ce dernier instrument est préférable sur les sols argileux ; dans les terrains sablonneux, il vaut mieux se servir de la charrue, sauf à faire passer ensuite légèrement la herse, et à donner encore un tour de rouleau si le temps est sec : ce dernier instrument est favorable à la germination, et fait lever plus également le grain. Le hersage, au moment où l'avoine lève, est un point capital pour sa réussite ; cette opération est absolument nécessaire lorsqu'on a semé dans un terrain argileux que la pluie a battu depuis la semaille. Il ne faut pas craindre de herser énergiquement ; si le temps est sec, un tour de rouleau après le hersage favorise le tallement des plantes, en les forçant de s'étendre latéralement, au lieu de croître d'abord en hauteur ; il contribue aussi à conserver de la fraîcheur dans le sol. Il y a avantage à récolter l'avoine avant sa complète maturité. On coupe avec la faulx ou la faucille. L'avoine coupée ne doit pas rester plus de huit jours sur le sol ; après ce temps, on doit lier et rentrer les gerbes. L'avoine javelée est plus facile à battre que celle qui n'a point subi l'opération du javelage ; mais, loin d'acquérir pour cela plus de qualité, comme certains cultivateurs le croient, elle se détériore sensiblement quand on la laisse trop longtemps sur le sol.

Maïs.

Le maïs, plante des pays chauds, prospère mieux dans les terres argilo-siliceuses que dans les terres tenaces et les terres de sable ; le sol des riches vallées lui convient beaucoup ; quelle que soit, du reste, la nature du terrain, il faut que celui-ci soit en bon état d'engrais pour cette récolte qui est très-épuisante. On prépare la terre par deux ou trois labours : dans les sols argileux, un labour profond, avant l'hiver, est la meilleure de toutes les façons ; on peut alors se contenter, au printemps, d'ameublir le sol par un coup d'extirpateur et par un seul labour donné au moment de la semaille. Cette époque varie, suivant les pays et les années, depuis le commencement d'avril jusqu'au commencement de mai. Les semailles hâtives sont généralement plus avantageuses ; néanmoins il faut prendre garde d'exposer le maïs à être saisi par les gelées tardives, celles-ci lui sont fatales. Le maïs se sème en lignes écartées entre elles de 65 centimètres ; chaque plant doit être placé à 32 centimètres au moins dans les lignes ; lorsqu'on les rapproche davantage, les épis sont moins beaux, le grain est moins nourri, et le sol se trouve plus épuisé. La plantation du maïs s'effectue de plusieurs manières. On peut semer dans le sillon même ouvert par la charrue, en plaçant un ou deux grains de maïs à la distance voulue, et en ne semant que de deux raies l'une; ou bien on trace des lignes sur le sol avec un *marqueur*, et l'on plante au plantoir les grains de maïs; une femme recouvre la semence avec le pied. Le maïs doit être enterré très-superficiellement; un tour de rouleau, immédiatement après la semaille, dans les terres plutôt légères que fortes, favorise la germination du grain. Le maïs doit être biné peu de temps après sa levée; cette culture s'exécute ordinairement trois ou quatre semaines après la semaille: on débarde, à cette époque, tous les pieds surabondants, de manière à n'en conserver qu'un ou deux au plus à la même place: cette opération ne doit pas être différée, sous peine de causer un grand dommage à la récolte. Le butage du maïs a lieu ordinairement quinze jours après qu'on a procédé au binage; le moyen le plus économique d'exécuter ces différentes façons, est de faire usage de la houe à cheval et du buttoir: l'opération terminée, il n'y a plus qu'à attendre la floraison. Quand les panicules sont bien desséchées, et que les stigmates sont tout-à-fait flétris, on retranche les têtes du maïs, en les coupant au dessus du nœud qui domine l'épi supérieur; on doit, en même temps, arracher tous les épis secondaires, et ne conserver que ceux qui sont bien développés: les pousses retranchées forment une excellente nourriture verte pour le bétail. La maturité du maïs s'annonce par la couleur des grains, lesquels se montrent alors après avoir percé les tuniques qui les enveloppaient. On recueille les épis soit en les déta-

chant avec une serpette ou une faucille, ou bien en les
tordant sur eux-mêmes; on retrousse les tuniques, on
lie les épis par paquets, et on les suspend sur des per-
ches au-dessus des hangars, ou dans l'intérieur des
greniers. Dans certains pays, on a soin d'exposer les
épis au soleil pendant un ou deux jours avant de les
emmagasiner. Les tiges s'arrachent à la charrue; on
peut s'en servir comme de matériaux propres à former
une litière grossière après qu'elles ont été brisées;
elles forment un excellent combustible pour chauffer
le four.

Sarrasin.

Le sarrasin vient de préférence sur les sols légers
et chauds; dans les sols argileux, il pousse plus en
feuilles qu'en grains.

Le sarrasin exige une terre bien meuble; c'est pourquoi on prépare le sol par deux ou trois labours quand
on le sème en récolte principale; lorsqu'il succède à
une première récolte, on ne donne souvent qu'un seul
labour, accompagné de plusieurs hersages. La semaille
a lieu ordinairement quand on n'a plus de gelées à
craindre. On sème à la volée, dans la proportion de 80 à
100 litres de graines par hectare. La semence est en-
fouie à la herse. Le sarrasin n'exige aucune façon pendant sa végétation; sa réussite, quand le sol a été bien
préparé, dépend entièrement des circonstances atmo-
sphériques: des pluies fréquentes font couler les fleurs,
une sécheresse prolongée nuit à sa végétation; pour
qu'il donne des produits satisfaisants, il faut que la
température soit alternativement chaude et humide.

On récolte le sarrasin quand la plupart des graines sont mûres ; on peut le couper avec la faulx ou avec la faucille. On fait sécher les gerbes en les dressant, les pieds écartés sur le sol, et en les y laissant séjourner pendant dix ou quinze jours, selon l'état de l'atmosphère. Le grain se bat au fléau, la paille n'est bonne qu'à servir de litière.

LÉGUMES.

Les légumes cultivés en plein champ sont : les fèves, les haricots, les pois et les lentilles.

Fèves.

Les fèves sont une des plantes les plus précieuses pour les terrains argileux et les marais desséchés. Les fèves préfèrent à tout autre un sol où l'argile domine ; elles viennent bien également dans les sols légers, lorsqu'ils conservent de la fraîcheur. Pour cette plante, un labour profond, donné avant l'hiver, est très-utile ; il permet alors de semer de très-bonne heure, au printemps, condition importante pour la réussite des fèves, les semailles précoces étant ordinairement les meilleures, en ce qu'elles donnent plus de force à la plante pour résister aux attaques des pucerons. Les fèves sont surtout avantageuses quand on les plante en lignes ; lorsqu'on ne sème que de deux sillons en deux sillons, de manière que les lignes aient 65 centimètres d'écartement, on n'emploie guère que 156 litres de graines par hectare ; à la volée, il faut de 2 à 3 hectolitres. On sème en lignes dans le sillon ouvert par la charrue ; la graine se dépose soit à la main, soit à l'aide d'un semoir ; la charrue, en ouvrant un nouveau sillon, recouvre la semence.

Quel que soit le procédé qu'on emploie pour planter les fèves, il faut nécessairement les biner pendant leur végétation, sous peine de voir le champ infesté de mauvaises herbes, et de n'avoir qu'une chétive récolte, suivie d'une autre plus chétive encore. Quinze jours ou trois semaines après la semaille, il est utile de faire passer la herse sur les fèves ; on se débarrasse ainsi économiquement des mauvaises herbes, ce qui, toutefois, ne dispense pas le cultivateur soigneux de faire usage, quelque temps après cette opération, de la houe à cheval, ou de la binette, si les fèves ont été semées à la volée. En général, on donne deux binages aux fèves : la dernière façon doit être donnée avant la floraison ; le second hersage peut être remplacé avec avantage par un léger buttage pour les fèves plantées en lignes.

Les fèves se récoltent quand la plus grande partie des gousses commence à noircir ; on les coupe, en général, avec la faucille. Une fois coupées, on les dresse sur le sol par petites javelles écartées du pied, et liées au sommet par un lien de paille. On les laisse en cet état jusqu'au moment de lier les gerbes et de rentrer. Il est bon de former les gerbes avant que la dessiccation ne soit complète : d'une part, afin de ne pas trop perdre de fèves, de l'autre, afin de pouvoir labourer pour la récolte de blé qui succède généralement aux fèves ; plus les gerbes sont fortes, moins les fèves sont sujettes à s'égrener.

Les fèves semées dans la jachère n'en tiennent lieu qu'autant qu'on ne néglige aucune des façons recommandées pour la destruction des mauvaises herbes.

Haricots.

On ne cultive que les haricots nains en plein champ. Le sol qu'ils préfèrent, dans un climat pluvieux, est une terre meuble, plutôt sèche qu'humide, et bien exposée; dans un climat chaud, les haricots viennent très-bien dans une terre argilo-siliceuse; ils réussissent mieux sur une vieille fumure que sur du fumier frais.

La terre doit être préparée par plusieurs labours dont un donné, autant que faire se peut, avant l'hiver. Le labour de semaille doit être très-superficiel; le procédé le plus économique, à cet égard, consiste à disposer la charrue de manière que les tranches de terre, au lieu de se recouvrir comme les tuiles d'un toit, forment des rigoles; l'ouvrier n'a plus alors qu'à jeter la semence dans les rigoles : une femme ou un enfant le suit et appuie son pied sur la semence; cela fait, si le temps est bien sec, on complète l'opération en faisant passer légèrement le rouleau sur la pièce. Les lignes doivent être espacées entre elles à 40 ou 50 centimètres. Les semailles s'effectuent aussitôt qu'on n'a plus à craindre de gelées tardives. Pendant leur végétation, les haricots reçoivent ordinairement deux binages; la première façon a lieu quand les plantes ont leurs quatre premières feuilles développées; le deuxième binage est réglé par l'état du sol et de l'atmosphère.

La maturité des haricots se manifeste par la couleur blanche des gousses. On arrache les tiges à la rosée ; on les place sur le sol, la tête en bas et les racines en l'air ; on les laisse sécher pendant plusieurs jours en cet état, et quand la dessiccation est complète, on les lie en petites bottes, et on les transporte à la ferme dans des voitures garnies de toiles.

Les haricots doivent être mis dans un lieu bien sec ; ils se gardent très-bien dans leurs gousses : c'est pourquoi il est préférable de ne les battre qu'au fur et à mesure des besoins. La paille et les cosses de haricots sont un excellent fourrage pour les bêtes à cornes, et surtout pour les moutons.

Pois.

Excepté les argiles tenaces et les terres de marais, tous les sols conviennent aux pois ; ils réussissent mieux cependant dans une terre de moyenne consistance, pourvue de calcaire, que partout ailleurs : dans les sols trop humides, ils s'emportent en herbes et en fleurs sans nouer leurs grains ; dans les terrains maigres ils rendent fort peu.

Les pois s'accommodent de toute espèce de place dans l'assolement, lorsqu'on a soin de les fumer convenablement ; il faut seulement ne les faire revenir sur eux-mêmes qu'après un long intervalle, car le sol s'en lasse aisément ; la fumure qu'on leur applique directement profite, en grande partie, à la récolte des grains qu'on leur fait succéder ordinairement : ils donnent d'excellents résultats quand on les sème sur un marnage ou un chaulage récent.

Bien que les pois ne se montrent pas difficiles sur la préparation du sol, et qu'on se borne, la plupart du temps, à une seule façon, il vaut mieux, en général, dans les terres consistantes, donner un premier labour en hiver, et semer sur un deuxième labour de printemps : les terres de sable s'arrangent fort bien d'un seul labour donné au moment de la semaille.

L'époque de l'ensemencement dépend de l'état de la température, et surtout de la nature du sol. Les terres sujettes à se sécher doivent être semées de bonne heure. On peut semer plus tard dans les sols humides. La meilleure manière de cultiver les pois est de les semer en lignes écartées de 50 centimètres ; beaucoup de cultivateurs les sèment aussi à la volée ; il faut alors répandre la graine un peu drue, parce que cette récolte n'est jamais plus avantageuse que lorsqu'elle couvre complétement le sol, et qu'elle ne laisse venir aucune mauvaise herbe. On emploie communément deux hectolitres de pois par hectare quand on sème à la volée ; au semoir, il faut moitié moins de semence : celle-ci se recouvre à la herse ou à la charrue.

Les pois semés à la volée ne demandent aucune façon pendant leur végétation ; on peut cependant les herser avec profit, peu de temps après leur levée, c'est-à-dire lorsqu'ils ont 5 à 6 centimètres de hauteur ; cette opération devient nécessaire quand la terre est motteuse, ou qu'elle a été battue par les pluies. Pour les pois semés en lignes, il faut répéter les binages jusqu'à ce que la récolte soit assez épaisse pour ombrager complétement le sol ; ces façons s'exécutent soit avec la houe à main, soit avec la houe à cheval.

Le moment le plus favorable pour récolter les pois est celui où la plus grande partie des gousses inférieures est mûre ; surtout il ne faut pas attendre que les fleurs de la sommité soient nouées : cette floraison se prolonge presque indéfiniment, et l'on courrait risque, en attendant sa fin, de laisser sur le sol la meilleure partie des grains mûrs. Les pois se coupent à la faucille ; on laisse les javelles sur le sol dans l'état où l'ouvrier les a déposées : lorsqu'elles sont tout-à-fait fanées, on les réunit en tas, et on les rentre après qu'elles ont reçu, en cet état, quelques heures de soleil.

Les pois se cultivent fréquemment comme fourrage. On sème alors, à la volée, soit avant l'hiver, soit au printemps, la variété connue sous le nom de *pois gris* ou *bisaille*. On coupe lorsque les cosses inférieures sont aux trois quarts nouées. Récoltés verts ou secs, les pois forment une excellente nourriture pour toute espèce de bétail : ils tiennent lieu d'avoine pour les chevaux.

Lentilles.

Les lentilles ne jouent qu'un rôle très-secondaire dans la grande culture : elles ne laissent pas cependant d'avoir leur importance dans les pays où les terres sont très-divisées. Les sols où les pois réussissent, conviennent aux lentilles ; celles-ci s'accommodent encore des terres les plus sèches. On prépare la terre par deux labours ; les semailles doivent s'effectuer en lignes continues, ou par *poisés*, afin de pouvoir donner économiquement les binages et les sarclages dont la plante a besoin pendant sa végétation.

Les lentilles s'arrachent lorsque les cosses commencent à brunir. On laisse sécher la récolte sur terre, en la dressant en tas sur le sol, ou bien en renversant les tiges sens dessus dessous.

PLANTES OLÉAGINEUSES.

Colza.

Le colza est une plante très-épuisante qu'on introduit, en général, avec trop de complaisance, sur des terres qui auraient besoin d'être plus riches pour être consacrées à cette récolte. Ce n'est pas que le colza exige un sol de première qualité pour réussir, mais comme il lui faut une terre fortement engraissée, pour donner de bons produits, et, comme il ne rend presque rien au sol par ses débris, il convient de ne l'adopter qu'autant qu'on est riche en engrais. Les bonnes terres à froment, suffisamment ameublies et égouttées, sont celles où le colza prospère davantage. Deux ou trois labours sont ordinairement nécessaires pour la préparation de la terre, lorsque le colza tient lieu de jachère; un seul labour suffit, s'il succède à une récolte de vesces ou de seigle. Beaucoup de cultivateurs se contentent de semer la graine à la volée. Cette méthode, dont le principal inconvénient est de rendre les binages difficiles et dispendieux, pourrait être remplacée, dans la plupart des cas, par la semaille en lignes, ce qui entraîne, comme conséquence, un semis préalable en pépinière, destiné à fournir le replant. La pépinière ne saurait être trop bien travaillée et fumée, car il importe beaucoup que le colza y lève promptement, et acquière en peu de temps la grosseur voulue pour être repiqué. Le semis en pépinière doit avoir lieu, autant que possible, dans la première quinzaine de juillet. Les uns le sèment en lignes, à 27 centimètres les unes des autres; d'autres le sèment à la volée. Dans ce dernier cas, il est bon de semer un peu clair afin d'éviter les frais de l'éclaircissage. Quand le replant est assez fort, c'est-à-dire, lorsqu'il a atteint la grosseur d'un tuyau de plume, on l'arrache pour le mettre en place : l'opération du repiquage peut s'effectuer dès la fin de septembre; le plus souvent elle a lieu en octobre; plus tôt le colza est repiqué, plus la reprise est facile, et plus aussi il a de force pour résister à l'hiver. Le repiquage peut s'exécuter à l'aide du plantoir, ou derrière la charrue. Par le premier mode, un ouvrier pratique avec son plantoir des trous à 27 centimètres en tous sens; une femme y dépose les plants, en ayant soin de les assujettir en serrant la terre avec son pied autour de la jeune plante; lorsqu'on plante le colza derrière la charrue, il suffit de suivre la raie tracée par le laboureur, et de distribuer le plant à 27 ou 32 centimètres en tous sens, en le couchant sur la terre renversée par la charrue; le deuxième tour de charrue enterre le replant jusqu'au collet. Quand on veut se servir de la houe à cheval pour biner le colza, il est bon de ne planter que de deux raies l'une : cette méthode très-économique convient particulièrement à la grande culture.

Il est rare que le colza repiqué en septembre ou octobre ait besoin d'être biné immédiatement, lorsque la terre qui a reçu le plant avait été bien préparée. Tous les travaux, avant l'hiver, se borneront donc à mettre le colza à l'abri de l'humidité qu'il redoute par-dessus tout ; pour cela, on tirera des rigoles d'écoulement à travers la pièce, dans le sens de la pente naturelle, ou bien on creusera de distance en distance, par exemple à chaque 4 ou 5 mètres, de petits fossés ou ruots d'un fer de bêche de profondeur, sur autant de large ; la terre qui en sera extraite sera jetée à travers les planches de colza, et servira à abriter le plant contre la gelée : si l'opération a été bien faite, le champ présentera l'aspect d'une pièce divisée en planches de 4 ou 5 mètres, légèrement élevées au-dessus du sol, et aboutissant, de chaque coté, à un petit fossé d'écoulement. Cette méthode est pratiquée, avec un grand succès, en Flandre et en Belgique. Lorsque l'hiver n'a pas été très-rigoureux, le colza entre promptement en végétation au printemps : si l'on veut que cette plante produise les mêmes bienfaits que la jachère pour les récoltes qui doivent suivre, il est essentiel de la biner avant qu'elle ne monte en fleurs ; le binage a lieu généralement en mars ; il s'effectue avec beaucoup d'économie et de célérité, à l'aide de la houe à cheval, lorsque le semis a eu lieu en lignes, il suffit alors de faire passer quelques femmes armées d'une binette, pour détruire les mauvaises herbes qui se trouveraient dans la ligne même des plantes et rendre l'opération complète ; si la semaille a été faite à la volée, le binage alors se pratique à la main, opération longue et coûteuse, et qu'il faut surveiller avec soin, pour qu'elle soit convenablement exécutée. Quelle que soit, du reste, la dépense de cette opération, elle est indispensable ; on ferait une triste économie en la supprimant, car la récolte du colza s'en ressentirait, et surtout l'on causerait un préjudice notable aux récoltes subséquentes.

Après l'opération du binage de printemps, il n'y a plus à attendre que l'époque de la récolte.

On reconnaît que le colza est mûr quand les siliques commencent à jaunir ; le moment précis de couper est d'une grande importance ; le colza, en effet, s'égrène avec une extrême facilité ; un coup de soleil un peu chaud, après une pluie, un vent violent, la grêle, une pluie forte, suffisent pour faire perdre la meilleure partie de la récolte, quand la plante a atteint son point de maturité ; entre un double inconvénient, il vaut mieux couper un peu sur le vert, plutôt que de se laisser gagner par l'égrenage ; dans le premier cas, du moins, on a la ressource de mettre le colza en meulons, c'est-à-dire, de compléter la maturation à l'aide de la fermentation qui s'opère dans les javelles amoncelées. Le colza se coupe avec la faucille.

Beaucoup de cultivateurs commettent la faute de laisser le colza en javelles sur le sol, après l'avoir coupé. Ce procédé fait perdre beaucoup de graines parfaitement mûres, et expose le colza, coupé vert, au moment de la récolte, à rendre une graine retraite, et de qualité inférieure. Le procédé le plus parfait consiste à mettre la récolte en meulons, dès qu'elle est suffisamment ressuyée. On place les javelles de manière que le sommet des tiges regarde le centre du meulon, et que la base soit tournée vers la circonférence ; à mesure que le meulon s'élève, on croise un peu les tiges l'une sur l'autre dans le milieu du meulon : celui-ci, parvenu à 2 mètres de hauteur, présente l'aspect d'un cône : on l'assujettit au sommet par un lien de paille ou d'osier, si l'on craint de grands vents.

Le colza, une fois en meulons, non-seulement s'y conserve parfaitement pendant plusieurs mois, mais même s'y bonifie : la graine acquiert de la couleur et de la main, et devient plus riche en huile. Il est important de placer les meulons en lignes régulières, afin que le sol, dans l'intervalle, puisse recevoir les façons dont il a besoin, notamment le déchaumage qui facilite les labours, et contribue puissamment à purger le sol des mauvaises graines qu'il contient.

Le battage du colza a lieu communément en plein air. On choisit un point élevé du champ qu'on a soin d'épierrer et de niveler, en y faisant passer le rouleau; cette opération préliminaire accomplie, on étend sur le sol une grande toile, nommée bâche, destinée à recevoir la récolte de colza qu'on apporte dans des draps et qu'on étend par couches de 27 centimètres d'épaisseur. Les batteurs se mettent alors à l'ouvrage : quand la partie supérieure des tiges a été soumise au fléau, ils retournent le colza avec des fourches et battent la partie inférieure; quand il ne reste plus de graines dans les siliques, on secoue les tiges avec des fourches, et on enlève les tiges hors de la bâche avec des râteaux. La graine reste sur la bâche mêlée avec les siliques; vers la fin de la journée, on la passe d'abord au crible, puis on la soumet à l'action du tarare avant de l'enfermer dans des sacs pour être portée à la ferme. La graine de colza doit être étendue par couches minces, et remuée fréquemment, pendant les premières semaines de son séjour au grenier, car elle est sujette à s'échauffer facilement; une fois son premier feu jeté, on peut la conserver en tas plus épais.

Dans un bon terrain, bien préparé et bien fumé, le colza a de grandes chances de réussite; mais il arrive souvent qu'une température contraire et les insectes diminuent beaucoup son rendement; aussi doit-on le considérer comme un produit très-casuel. Le colza est une excellente préparation pour le froment d'hiver.

Navette.

La navette est inférieure au colza, sous le rapport du produit: en revanche, elle se contente d'un sol moins riche, et peut être semée plus tard, avantage qui laisse plus de temps pour préparer la terre, et permet, par conséquent, de placer la navette après une récolte de blé ou d'avoine.

La navette se sème ordinairement à la volée dans la proportion de 5 kilogrammes par hectare, on l'enterre par un coup de herse; on pourrait lui appliquer avec avantage le procédé des semailles en lignes; cette disposition, en secondant la végétation de la plante, faciliterait aussi les binages à la houe à cheval. La culture et la récolte de la navette sont les mêmes que celles du colza, avec cette différence qu'elle mûrit ordinairement quelques jours plus tôt.

Le colza et la navette d'hiver peuvent être remplacés par le colza et la navette de printemps: ceux-ci sont plus chanceux et moins productifs que les premiers.

PLANTES TEXTILES.

Chanvre.

Le chanvre préfère à toute autre, une terre riche, substantielle et profonde : il réussit cependant dans les sols légers, pourvu qu'ils soient frais, profonds et abondamment fumés ; les terres de marais, suffisamment égouttées, lui conviennent très-bien, il y donne généralement des produits très-élevés. On lui réserve ordinairement les sols riches des vallées ou les enclos doués d'une grande fertilité : aussi le chanvre appartient-il plutôt à la petite qu'à la grande culture.

Si le sol est fort, trois et quatre labours sont nécessaires ; dans un sol léger, deux ou trois labours peuvent être suffisants ; au reste, le point essentiel ne consiste pas dans le nombre des façons, mais bien dans l'état où se trouve le sol au moment de la semaille : ce n'est point exagérer que de dire qu'il faut au chanvre une terre préparée comme celle d'un jardin. Le chanvre se sème aussitôt qu'on n'a plus à craindre les gelées. On le sème sur fumure et labour frais, dans la proportion de 300 litres par hectare, et on l'enterre par un trait de herse ; quelques auteurs recommandent d'enterrer, par le dernier labour, la moitié du fumier applicable au chanvre, et de répandre l'autre moitié à la surface du sol, après le hersage qui a enfoui la graine. La semence de la dernière année est préférable à une vieille semence.

Le chanvre, pendant sa végétation, n'exige aucun

soin; il faut seulement le protéger, à sa levée, contre l'avidité des oiseaux, en plaçant un enfant en sentinelle dans la chenevière; toutes les mauvaises herbes sont étouffées sous ses tiges serrées et ombreuses.

La récolte du chanvre s'opère généralement en deux fois. Le premier arrachage s'effectue aussitôt après que les pieds mâles (appelés improprement femelles) ont jeté leur poussière fécondante. Ces pieds arrachés de bonne heure fournissent une filasse de qualité supérieure. Le vide qu'ils laissent dans la chenevière, profite aux pieds femelles, qui, trouvant plus d'espace pour végéter, prennent plus de développement et donnent plus de grains. Ces derniers s'arrachent quand la graine est bien mûre. Leur filasse est inférieure en qualité à celle des pieds mâles. Aussitôt après l'arrachage, on retranche les racines du chanvre, on le lie ensuite en bottes, et on le fait sécher en plaçant les tiges debout, et en les écartant sur le sol par le pied; quand la graine est suffisamment sèche, on l'extrait, puis ensuite on soumet les tiges au rouissage.

C'est ordinairement dans l'eau qu'on exécute cette opération. On plonge les bottes de chanvre dans une eau dormante, et on les y laisse jusqu'à ce que la fermentation sépare les fibres du principe gommo-résineux qui les enveloppe; ce point obtenu, on retire le chanvre de l'eau, on le fait sécher debout contre des murs ou des haies, puis on le soumet aux diverses opérations par lesquelles il doit passer avant d'être livré au commerce; les principales sont : le broyage et le peignage.

Après le chanvre, toute espèce de récolte donne de

beaux produits, avantage qu'il faut attribuer principalement à la netteté du sol, aux cultures profondes et aux engrais abondants qu'il a reçus. Le chanvre est du petit nombre de plantes qui peuvent revenir indéfiniment sur elles-mêmes. On connait deux variétés de chanvre, le chanvre ordinaire et le chanvre du Piémont ; ce dernier l'emporte de beaucoup sur l'autre pour la richesse de ses produits. Quand on veut avoir de beau chanvre, il est nécessaire de renouveler chaque année sa semence, en la tirant des pays où l'on donne un soin particulier à la graine. Celle qu'on retire des chenevières où la filasse forme le principal produit, ne donne que des récoltes dégénérées. Dans la vallée de Grésivaudan (Isère), où la culture du chanvre est portée à un haut degré de perfection, on regarde comme avantageux de faire venir la graine du Piémont.

Lin.

Le lin est une plante très-épuisante, qui veut, pour réussir, une terre enrichie de longue main ; sa récolte arrivant au milieu des travaux du cultivateur, et entraînant des frais considérables de main d'œuvre, doit rendre fort circonspect pour l'introduction de cette culture. Dans les localités où la main-d'œuvre est abondante et peu coûteuse, où les travaux de la moisson ne réclament pas toutes les forces du cultivateur, et où celui-ci possède une terre d'une grande fertilité, ou du moins largement amendée par les engrais, on peut s'y livrer avec succès ; au défaut de circonstances aussi favorables, il est plus prudent de s'en abstenir et de la laisser à la petite culture.

Le lin se plaît particulièrement dans les terres légères, suffisamment fraîches et améliorées par d'anciennes fumures. Le sol reçoit ordinairement plusieurs labours pour cette récolte; quel qu'en soit le nombre, il faut que la surface soit ameublie par des hersages répétés, le fond restant un peu ferme. Cette condition est regardée comme très-importante dans les pays où l'on se livre spécialement à la culture du lin. Cette plante vient bien sur une jachère, mais il y a plus d'économie à la placer soit sur un défrichement de prairie artificielle, ou mieux encore sur un pré rompu; dans ces derniers cas, il est bon de retourner la prairie avant l'hiver, afin de n'avoir plus qu'à niveler le sol au printemps, à l'aide de roulages et de hersages alternatifs : par ce moyen, on place le lin dans d'excellentes conditions de réussite, et surtout on s'épargne un ouvrage dispendieux.

Suivant les climats, le lin se sème avant l'hiver ou au printemps.

Toutes choses d'ailleurs égales, les semailles précoces sont celles qui donnent les produits les plus abondants; en général, elles ont lieu dans le courant de mars ou au commencement d'avril; celles faites plus tard, sont plus sujettes aux intempéries de l'atmosphère. Pour cette plante, la qualité de la semence est de la plus haute importance. Dans les pays où la production de la filasse est le point essentiel (et c'est ce qui a lieu dans toute la France), on est obligé de renouveler, de temps à autre, la graine de semence. Celle de Riga est la plus estimée, mais il est rare qu'elle puisse fournir aux besoins de l'exploitation pendant

plus de deux ou trois ans, par suite du rapproche-
ment extrême des plantes, d'où résulte un étiolement
qui empêche la graine d'atteindre toute sa perfection : on n'aurait probablement pas besoin de recourir
à une semence étrangère, si l'on voulait semer beaucoup moins épais qu'on ne le fait ordinairement, et si
l'on attendait que la graine fût tout-à-fait mûre pour
arracher la récolte ; dans ce cas, il est vrai, on sacri-
fierait la qualité de la filasse et l'on éprouverait une
diminution sensible dans ce produit. Le lin qui doit
fournir surtout de la filasse, doit être semé très-épais
pour donner des tiges élevées et non rameuses ; suivant les localités, on emploie 250 ou 300 litres de semence par hectare, on recouvre la graine par un ou
deux traits de herse, suivis d'un tour de rouleau quand
on craint les hâles ou la sécheresse. On commence à
biner lorsque les plantes ont atteint 8 à 10 centimètres
de hauteur ; cette opération doit être renouvelée aussi
souvent que les mauvaises herbes reparaissent, il est
rare cependant qu'on soit obligé de sarcler ou de biner
plus de deux fois si l'opération est faite avec soin. Le
lin se récolte le plus généralement aussitôt que les feuilles
et les capsules prennent une teinte jaunâtre, on l'arrache à la main, on en fait de petites bottes qu'on attache par un lien près des têtes ; on les fait ensuite
sécher dans le champ, en les dressant sur le sol ap-
puyées les unes contre les autres par leurs têtes et écartées du pied. L'usage de laisser le lin en javelles sur le
sol aussitôt après l'arrachage, doit être rejeté comme
vicieux ; les pluies qui viendraient à surprendre le lin
en cet état, lui feraient subir un commencement de

décomposition nuisible à l'opération ultérieure du rouissage. Dès que les capsules sont suffisamment sèches, on en extrait la graine en frappant les têtes avec une espèce de maillet en bois; cela fait, on soumet le lin au rouissage.

On distingue deux sortes de rouissage pour le lin: le rouissage sur pré et le rouissage dans l'eau. Le premier mode consiste à étendre les tiges du lin sur un pré ou dans un champ, par couches très-minces; on les y laisse plus ou moins longtemps, suivant que la température est plus ou moins chaude et humide, en ayant soin de les retourner plusieurs fois, jusqu'au moment où les fibres se détachent facilement. Le rouissage dans l'eau s'exécute de même que pour le chanvre; une fois hors de l'eau, on le fait sécher, puis on le soumet à l'action de la broye et au peignage, il peut ensuite être livré au commerce. Le lin ne doit revenir qu'après un temps assez éloigné; suivant les pays, on ne le sème de nouveau dans la même pièce, qu'après un intervalle de six et huit ans.

RÉCOLTES-RACINES

Les récoltes-racines tiennent lieu, dans la plupart des cas, de la jachère par suite des cultures nombreuses qu'elles exigent pendant leur végétation. Elles fournissent, en outre, la plus grande masse possible de substances alimentaires; ce double avantage, toutefois, ne s'obtient qu'à la condition qu'on place les plantes dans un terrain riche, ou du moins abondamment fumé, et qu'on leur donne libéralement les façons propres à favoriser leur développement : d'où suit ce principe, que les récoltes-racines doivent être cultivées intensivement et non extensivement, c'est-à-dire, qu'en même temps qu'il faut leur consacrer toutes les dépenses nécessaires pour en obtenir des produits abondants, il faut aussi ne leur réserver qu'une étendue restreinte de terrain, afin de ne pas être entraîné à des frais trop considérables. Les récoltes-racines cultivées dans la grande culture sont : les pommes de terre, les betteraves, les navets, les carottes, les topinambours et les rutabagas.

Pommes de terre.

On connaît beaucoup de variétés de pommes de terre : la plus répandue dans la grande culture, est la pomme de terre ronde à peau jaune. La pomme de terre, la plus précieuse peut-être de toutes les plantes que la providence ait accordées à l'homme, puisqu'avec elle la disette est devenue impossible, vient à peu près dans tous les sols, excepté dans ceux qui sont trop compactes ou trop humides ; néanmoins, son sol de prédilection est un terrain léger, ni trop sec, ni trop humide : les terres à seigle sont celles où elle acquiert le plus de qualité ; ses produits sont plus abondants dans les terres à froment. Le terrain destiné aux pommes de terre doit être préparé par plusieurs labours ; si le sol est consistant, il est avantageux de donner le premier labour avant l'hiver : dans les terres légères, on peut se contenter de labours de printemps ; suivant les localités, on conduit le fumier pendant l'hiver, ou peu de temps avant les semailles ; dans les terres fortes, le fumier long, dans les terres légères, le fumier court, ainsi que le parc, quand on peut y recourir, sont les engrais qui conviennent le mieux. Le fumier mis immédiatement avant les semailles, permet de planter plus tôt, et d'après l'expérience de cultivateurs habiles, les pommes de terre plantées de bonne heure, dans le nord de la France, rendent davantage et ont plus de poids.

La plantation des pommes de terre s'effectue communément dans le courant d'avril et jusqu'en mai ; dans beaucoup de pays, on commence à planter dès le mois de mars : la température de la saison et le climat sont les principales règles à suivre à cet égard. La plantation la plus économique est celle qui se fait à la charrue ; à mesure que le laboureur ouvre un sillon, des femmes déposent les tubercules à 32 centimètres les uns des autres contre la bande de terre retournée, en ayant soin de les enfoncer un peu pour les mettre à l'abri des pieds du cheval. La charrue, en ouvrant une nouvelle raie, couvre les pommes de terre ; on ne plante qu'une raie sur deux ou trois. Un grand nombre de cultivateurs ont la mauvaise habitude de couper les tubercules en plusieurs morceaux ; il suffit, en effet, d'un œil pour reproduire un tubercule ; mais en ayant recours à ce procédé, qui ne doit être employé que pour les grosses pommes de terre, et seulement encore avec modération, on s'expose à n'avoir qu'une chétive récolte, et à voir dégénérer l'espèce ; les pommes de terre de moyenne grosseur sont préférables à toutes les autres.

Au moment de la levée des pommes de terre, il est avantageux de faire passer une herse légère dans la pièce, cette opération détruit les mauvaises herbes, et facilite en même temps la sortie des jeunes pousses. Le binage s'effectue très-économiquement avec la houe à cheval; on l'applique dès que les plantes ont 21 centimètres environ de hauteur, ou plutôt, dès que la terre se durcit, ou se laisse envahir par les mauvaises herbes; le butage peut s'effectuer en une seule fois, au moment où les plantes entrent en fleurs; beaucoup de cultivateurs cependant préfèrent l'exécuter en deux fois: la première fois ils ne font pénétrer l'instrument qu'à 8 ou 10 centimètres de profondeur, la seconde fois, le butoir entre plus avant et recouvre les pommes de terre jusqu'aux deux tiers de leur hauteur. Quand le butage a été bien fait, la terre est relevée des deux côtés de l'ados, de manière à ne former qu'une seule arête au sommet qu'occupent les têtes de pommes de terre.

Après le butage, il n'y a plus qu'à attendre l'époque de la récolte; on reconnaît que les pommes de terre sont mûres, alors que les fanes se flétrissent et se dessèchent. L'arrachage des tubercules s'opère à l'aide du trident ou de la bêche; on peut aussi l'exécuter économiquement avec la charrue : dans ce cas, on ne laboure qu'une ligne sur deux, et quand toutes les pommes de terre ont été recueillies, on fait passer la charrue dans les lignes réservées: il ne reste plus ensuite qu'à herser le terrain et à faire ramasser les tubercules amenés à la surface par l'instrument. Quand la récolte est peu importante, on la loge dans des caves ou dans tout autre lieu à l'abri des gelées; mais pour peu qu'elle soit considérable, il faut avoir recours aux silos; ceux-ci, du reste, fournissent un excellent moyen de conservation. Les silos s'établissent ainsi qu'il suit : dans un sol, à l'abri de l'humidité, on creuse des fosses plus ou moins profondes, on les remplit de tubercules en élevant ceux-ci au-dessus du sol en forme de cône pour les fosses rondes, ou de toitures à deux pans pour les fosses longues. Cela fait, on couvre la récolte d'une légère couche de paille, et on enveloppe le tout d'une couche de terre de 40 à 50 centimètres d'épaisseur. Si les gelées devenaient très-fortes, on jeterait un peu de fumier sur les silos, la récolte, de cette manière, se trouverait parfaitement à l'abri des atteintes du froid.

L'avoine réussit particulièrement après les pommes de terre; dans beaucoup de localités on trouve que le froment sur les pommes de terre rend plus en paille qu'en grains.

Betteraves.

La betterave est une des meilleures racines qu'on puisse donner au bétail pendant l'hiver; distribuée conjointement avec de la paille bien récoltée, elle permet de faire de grandes économies dans la consommation des fourrages de trèfle, de luzerne et dans l'emploi du foin. Elle est d'une grande ressource dans l'engraissement des bêtes à cornes, et pour la nourriture des brebis portières à l'époque de l'agnelage. On connaît plusieurs espèces de betteraves : les plus généralement admises dans la grande culture sont : la betterave de Silésie, à racine végétant complètement en terre, et la betterave champêtre, à racine croissant presque hors de terre : la première est recherchée principalement par les fabricants de sucre, elle contient plus de principes nutritifs et résiste mieux aux gelées que la deuxième; celle-ci, plus spécialement affectée au bétail, se recommande par l'abondance de ses produits et la facilité de sa récolte. L'une et l'autre se cultivent de la même manière.

La betterave vient de préférence dans une terre silico-argileuse bien amendée et propre à la production du froment. Elle réussit également dans les terres plus consistantes, mais alors les frais de culture sont très-dispendieux, la récolte, en outre, y mûrit tardivement; dans les terres légères, la betterave ne donne de bons résultats qu'autant que le sol a reçu des labours profonds et qu'on ne ménage pas l'engrais. Pour la betterave, on prépare le sol par trois labours au moins; le premier se donne à l'automne dans les terres fortes, le second a lieu au sortir de l'hiver; les labours de printemps peuvent être remplacés économiquement par des cultures à l'aide de l'extirpateur : on regarde comme nécessaire de semer sur labour frais. Les semailles ont lieu généralement dans le courant d'avril, elles se prolongent souvent jusque vers la fin du mois de mai, dans les climats humides. On y procède de plusieurs manières : à la volée, en lignes et à la main, en lignes et au semoir. La semaille à la volée, usitée par la plupart des cultivateurs qui ne se livrent pas à la fabrication du sucre de betterave, est la plus défectueuse, elle rend les cultures longues, difficiles et dispendieuses. La culture en lignes lui est bien préférable. Quand on n'agit que sur une petite étendue de terrain, il importe peu que l'on répande la semence à la main dans la ligne ouverte par la charrue, ou bien qu'on se serve du semoir ; mais en grande culture, le secours de cet instrument est presque indispensable ; il procure, en effet, une grande économie dans la main-d'œuvre. Qu'on répande la semence à la volée ou au semoir, il est toujours prudent de semer assez épais, d'une part, parce beaucoup de graines ne germent pas ; de l'autre, parce qu'un grand nombre sont détruites à leur levée par les insectes : la graine se recouvre soit avec les dents d'une herse légère, soit en faisant passer simplement le rouleau sur le terrain ensemencé. Le semis en place réussit mieux, en général, que le repiquage conseillé par quelques auteurs : dans les pays où la betterave se cultive sur une grande échelle, on n'a recours au repiquage que lorsqu'on ne peut pas faire autrement. Dès que les betteraves ont percé leur troisième feuille, il est utile de leur donner un premier binage très-léger, qui a surtout pour but de favoriser la végétation de la plante, et de la soustraire par une prompte croissance aux ravages d'un insecte appelé altise ; peu de temps après le binage, il convient d'éclaircir sans délai, sous peine de causer un grand préjudice à la récolte, sa réussite étant souvent compromise par suite d'un retard de quelques jours apporté à cette opération. On enlèvera donc tous les plants trop rapprochés les uns des autres, en les espaçant à 27 centimètres dans les lignes, et en ménageant un écartement de 73 centimètres entre les dernières. La betterave, pendant sa végétation, doit recevoir plusieurs binages. L'état du sol, de la température et des plantes, peut seul guider pour le nombre de ces façons; le point important est de ne point les épargner, chaque fois que les betteraves en ont besoin : plus elles sont répétées, plus la récolte est productive; il faut prendre garde, néanmoins, de les prodiguer sans nécessité : il est rare qu'on soit obligé de donner plus de trois binages jusqu'au moment où la plante a acquis assez de force pour couvrir entièrement le terrain. À partir de ce moment jusqu'à l'arrachage, les betteraves peuvent se passer de soin. Beaucoup de cultivateurs profitent de cet intervalle de temps pour effeuiller la récolte, afin de donner une nourriture verte à leur bétail : cette pratique ne se justifie qu'autant que la rareté des fourrages verts force à recourir à des moyens extrêmes : d'après la théorie, il est probable que l'effeuillage contrarie la végétation souterraine de la betterave, et, partant, que la reproduction foliacée s'exerce aux dépens de la racine. L'arrachage a lieu lorsque les feuilles se tachent de rouille, et que le champ présente une surface jaunâtre; on y procède de même que pour les pommes de terre. Une fois hors de terre, on décollette les racines et on les dépose dans des silos, en ayant soin de ne point les faire sécher préalablement au soleil, et de ne point les frapper les unes contre les autres pour séparer la terre qui y adhère : elles se gardent très-bien pendant tout l'hiver, en usant des mêmes procédés que ceux recommandés pour la con-

servation des pommes de terre. On choisit pour porte-
graines les betteraves de moyenne grosseur, les mieux
faites, c'est-à-dire, à peau nette, à racine droite et non
fourchue; placées à l'abri pendant l'hiver, elles peuvent
être mises en place au commencement d'avril, dans
une terre bien labourée et bien fumée, à 1 mètre de
distance les unes des autres; pendant leur végétation,
on les sarcle, on les bine, et on leur donne un tuteur
quand elles sont bien développées; la graine mûre,
on coupe les tiges et on les transporte dans un endroit
sec pour être battues pendant l'hiver.

Carottes.

On n'apprécie pas assez généralement les avantages
de la carotte comme racine alimentaire pour le bétail.
Indépendamment de l'excellent état où elle laisse le
sol, elle remplace encore avec une grande économie
l'avoine donnée l'hiver aux chevaux qui restent à
l'écurie. Cette dernière considération mériterait seule
d'assigner à la carotte une place importante parmi les
récoltes-racines.

Les terrains meubles sont ceux qui conviennent le
mieux pour cette culture, d'une part, parce que la
carotte y produit de plus belles racines, de l'autre,
parce qu'il importe de diminuer, autant que possible,
les frais considérables de binage et de sarclage, en
les rendant plus faciles. Le sol doit être préparé, dès
l'automne, par un labour profond ; au sortir de l'hiver, on donne un deuxième labour suivi de hersage,
ou bien on se contente de faire passer une ou deux fois

l'extirpateur. Les semailles précoces sont généralement avantageuses; il est rare, toutefois, qu'on puisse semer les carottes dès la fin de février, cette opération a presque toujours lieu dans le courant de mars ou d'avril. Avant de répandre la semence, il faut avoir soin de frotter la graine entre les mains, afin de la rendre plus coulante; quelques cultivateurs se trouvent bien également de la mélanger avec de la sciure de bois. On sème à la volée, dans la proportion de 5 kilogrammes par hectare; en lignes, il n'en faut que la moitié : ce dernier mode permet d'exécuter les façons avec beaucoup d'économie : néanmoins, lorsque le sol est assez riche, on sème avec avantage les carottes à la volée dans une récolte de seigle ou de froment; une fois la récolte principale enlevée, on n'a plus qu'à herser les carottes, cette seule façon peut dispenser des autres opérations; cependant on trouvera un grand avantage à leur appliquer encore un binage à la main peu de temps après le hersage. Les carottes semées en récolte principale veulent être sarclées dès qu'on peut les distinguer des mauvaises herbes; aussitôt qu'elles ont acquis quelques centimètres de hauteur, on les éclaircit et on les espace à 32 ou 40 centimètres dans les lignes; celles-ci doivent être à la distance de 64 centimètres les unes des autres, de sorte que la houe à cheval puisse aisément fonctionner. Les carottes se récoltent ordinairement en automne, de la même manière que les betteraves; on peut aussi les conserver pendant tout l'hiver en les laissant en terre, pour ne les arracher qu'au fur et à mesure des besoins; il faut seulement, dans ce cas, avoir soin de les couvrir avec du fumier long au temps des fortes gelées. On peut conserver les racines dans des silos, ainsi que cela se pratique pour les betteraves et les pommes de terre, avec cette différence, cependant, que les fosses doivent être moins profondes, les carottes étant sujettes à pourrir lorsqu'elles sont accumulées en trop grands tas.

Les céréales de mars réussissent particulièrement après une récolte de carottes, bien fumée et bien traitée.

Navets.

Les navets se sèment rarement en récolte principale; presque toujours ils succèdent à une récolte de grains. Les navets se plaisent surtout dans les terres légères. En récolte dérobée, on prépare le sol par un fort hersage, ou mieux encore par un coup d'extirpateur; on répand la graine à la volée, dans la proportion de 4 kilogrammes par hectare. Pendant le cours de la végétation, on applique les binages nécessaires; plus souvent les navets sont binés, mieux ils profitent. Ils se rentrent généralement avant les gelées; une fois hors de terre, on les transporte dans un lieu sec, et on les étend par couches minces; mis dans des silos, ils seraient exposés à pourrir, c'est pourquoi on les fait consommer par le bétail avant toute autre racine.

Topinambour.

Le topinambour jouit du privilège de croître dans les sols les plus sablonneux et les plus ingrats, là où il serait impossible de faire venir une autre récolte-racine. Il a, de plus que la pomme de terre, les betteraves et les navets, l'avantage de résister aux plus fortes gelées, et de pouvoir passer tout l'hiver en terre; le seul inconvénient qu'on lui reproche est la difficulté de le détruire dans les terrains où on l'a cultivé une première fois; il suffit, en effet, du plus petit tubercule ou même des radicules pour reproduire indéfiniment de nouvelles plantes; on parvient toutefois à s'en débarrasser, en lui faisant succéder un fourrage vert qui se coupe plusieurs fois pendant l'année. La culture et la récolte du topinambour sont les mêmes que pour la pomme de terre. On ne saurait trop le recommander dans les pays pauvres, et là où l'on a quelques pièces ingrates à utiliser; il fournit une nourriture très-saine pour les bêtes à cornes et pour les moutons.

Rutabaga.

Le rutabaga fournit une excellente nourriture pour le bétail, mais il ne prospère que dans un bon sol ou, du moins, dans une terre amenée à un haut degré de fertilité; il exige, en outre, un climat plutôt humide que sec. La meilleure manière de cultiver le rutabaga est de le semer d'abord en pépinière pour être transplanté ensuite en lignes. Aucun soin ne doit être épargné pour amener le plant à une végétation prompte et vigoureuse, en effet, l'altise ou puce de terre l'attaque ordinairement dès que ses premières feuilles paraissent, et on ne le soustrait à ses dégâts qu'en excitant fortement la végétation.

La pièce de terre destinée à servir de pépinière, doit être défoncée à la bêche, préparée comme une terre de jardin, et surtout disposée de manière à ce que l'eau n'y séjourne pas. Au premier printemps, c'est-à-dire aussitôt qu'on n'a plus à craindre de fortes gelées, on nivelle la surface du sol, et on répand la graine de rutabaga; un coup de herse ou de rateau suffit pour enterrer la semence. D'après M. Rieffel, une couverture de balles de céréales, de menue paille ou de la poussière de sarrasin jetée sur la semaille, empêche le sol d'être battu par les pluies, et procure une levée plus belle et plus régulière du plant. Dès que les altises paraissent, on répand des cendres non lessivées sur les jeunes feuilles couvertes de rosée, de manière qu'elles en soient entièrement saupoudrées; l'opération doit se répéter au fur et à mesure que la couche de cendres disparaît, tant que la plante n'a pas percé sa quatrième feuille: une fois les feuilles primordiales sorties, cette précaution minutieuse n'est plus nécessaire, le rutabaga a pris dès-lors assez de force pour résister aux insectes.

La transplantation s'effectue quand le plant a atteint la grosseur du petit doigt. Le champ qui va le recevoir aura été préparé par plusieurs labours, dont un profond donné, autant que faire se peut, avant l'hiver. Le terrain bien labouré, fortement fumé, et en bon état d'ameublissement, on profite de la fraîcheur du sol pour mettre le plant en place. Le rayonneur trace des lignes séparées les unes des autres par un intervalle de 80 centimètres; un homme muni d'un plantoir pratique des trous à 50 centimètres les uns des autres dans les lignes, une femme le suit et dépose dans chaque trou un plant de rutabaga, et serre avec son pied la terre autour du collet de la jeune plante. Le point essentiel dans cette opération, consiste à ne point laisser de vide à l'extrémité de la racine ni au collet de la jeune plante, sa reprise dépend de cette attention; les racines qui dépassent la longueur du plantoir doivent être écourtées avant d'être mises en terre. Dans certaines localités, la transplantation s'effectue à la charrue, de même que pour le colza : dans ce cas, il faut avoir soin que le plant soit suffisamment enterré, et en même temps que la charrue ne le couvre pas trop de terre : la méthode précédente est plus assurée. La transplantation a lieu généralement depuis le mois de mai jusqu'en juillet : l'état de la terre, celui de l'atmosphère, et la force du plant décident du moment du repiquage.

Les soins à donner au rutabaga transplanté sont très-simples. Dès que la reprise se manifeste, on fait passer la houe à cheval dans le champ afin de l'ameublir et d'attirer ainsi de la fraîcheur dans le sol; cela fait, on n'a plus qu'à combattre les mauvaises herbes et empêcher la terre de se sceller. La houe à cheval doit fonctionner de rechef aussi souvent que cet état de choses se représente; un temps sec est nécessaire pour cette opération; des femmes ou des enfants la complètent en extirpant dans les lignes de rutabaga toutes les mauvaises herbes que l'instrument n'a pu atteindre. On butte avec avantage un peu avant que la récolte ne couvre le sol de ses feuilles; un second butage, quand on le peut, est ordinairement récompensé par l'augmentation des produits.

Le rutabaga résiste généralement à un hiver modéré, il n'atteint même toute sa perfection qu'en décembre ; toutefois, il est plus prudent de ne pas laisser passer ce mois sans rentrer la récolte. Les silos de terre, excellents pour les betteraves et les pommes de terre, ne valent rien pour la conservation du rutabaga ; en revanche, il se garde très-bien dans un lieu sec où l'air a un libre accès : d'après M. Rieffel, une voûte de 2 mètres de hauteur, pratiquée dans une meule en paille, présentant un carré long, fournit un excellent moyen de conservation ; la première couche de rutabaga repose sur un lit de paille de 10 centimètres d'épaisseur ; on remplit de racines la voûte jusqu'aux deux tiers de sa hauteur ; le vide laissé dans le haut a pour but de réserver la circulation de l'air.

DES PRAIRIES ARTIFICIELLES.

S'il est aujourd'hui une vérité incontestable en économie rurale, c'est que les prairies artificielles sont un des plus précieux secours pour le cultivateur qui veut tirer du sol le bénéfice le plus élevé. Avec les prairies artificielles, la terre n'a plus besoin de jachères périodiques, les terres arables passant tour à tour à l'état de prairies artificielles, demandent moins d'engrais ; les récoltes peuvent revenir moins souvent à la même place ; le bétail étant mieux nourri, on obtient et plus d'engrais et un fumier de meilleure qualité, d'où résulte une production plus abondante en paille et en grains. Ce n'est donc pas sans raison que les meilleurs écrivains agricoles ont considéré les prairies artificielles comme le pivot obligé d'une bonne agriculture, et que l'on conseille chaque jour de les multiplier. Sans elles, le plus habile agriculteur ne peut que se traîner dans la routine; son édifice, quelque soin qu'il y apporte, péchera toujours par la base, si les prairies artificielles n'en forment la clef de voûte. Les fourrages cultivés comme prairies artificielles sont : le trèfle rouge, la luzerne, le sainfoin, le trèfle incarnat, la vesce et la lupuline.

Trèfle rouge.

Le trèfle rouge préfère à tout autre un sol consistant, plutôt argileux que siliceux; il réussit encore dans les terres légères qui ont du fonds et une certaine fertilité, pourvu toutefois que le climat ne soit pas trop sec. Le point essentiel est de le placer dans un sol propre et meuble, profond, en bon état de fertilité.

Comme le trèfle ne donne que de faibles produits la première année, il est rare qu'on le sème seul : communément on le sème soit dans le blé ou le seigle avant l'hiver, soit dans les mars : dans le premier cas, lorsque le blé ou le seigle ont été précédés d'une jachère ou d'une récolte qui en tient lieu, le trèfle se trouve dans les meilleures conditions pour prospérer; dans le second cas, au contraire, c'est-à-dire, quand on le sème dans une céréale de printemps qui a remplacé immédiatement une récolte de grains d'hiver, le trèfle est exposé à être étouffé par les mauvaises herbes, il se développe mal, donne de faibles produits, ne procure qu'une médiocre amélioration au sol, et ne peut revenir sur lui-même qu'après un temps plus éloigné. La véritable place du trèfle est donc dans la céréale qui suit une récolte sarclée et fumée. On sème dans la proportion de 15 à 18 kilogrammes par hectare. Dans une céréale d'hiver, on répand la graine après avoir hersé fortement la pièce, et on l'enterre par un second trait de herse légère, ou simplement par un fagot d'épines ; quelquefois aussi on se contente de l'enfouir en y passant le rouleau. Dans les céréales de printemps, on peut semer la graine de trèfle, soit au moment où l'on va enfouir le grain à la herse, soit immédiatement après avoir hersé la céréale déjà levée. Ce dernier procédé s'emploie notamment lorsqu'on sème le trèfle dans l'avoine ; quelle que soit, du reste, l'espèce de céréale qu'on choisisse, il est essentiel de la semer un peu plus clair que de coutume, afin que le trèfle ne soit pas étouffé pendant sa première végétation.

Le plâtre, répandu sur le trèfle ainsi que sur les autres prairies artificielles, produit d'excellents résultats. On le sème à la volée dans la proportion de 2 à 3 hectolitres par hectare. Les uns répandent l'amendement en une seule fois au printemps, dès que la plante couvre le sol de ses feuilles ; d'autres préfèrent le répandre en deux fois ; ils en sèment la moitié aussitôt après l'enlèvement de la céréale, l'autre moitié est mise au printemps suivant : ce procédé mérite d'être imité. Quand on fait usage du plâtre, il est bon d'attendre, pour le semer, que les dernières gelées soient passées :

sans cette précaution, les jeunes pousses de trèfle, excitées dans leur végétation par l'action du minéral, sont exposées à être brûlées par la gelée.

Le trèfle doit être fauché quand toutes les têtes sont bien fleuries. Les procédés de dessiccation varient suivant les climats. Dans les pays où le fanage est sujet à être contrarié par des pluies, on s'y prend de la manière suivante : le premier jour, on laisse la récolte en andains, telle que la faulx l'a disposée ; le deuxième jour on retourne le trèfle avec le manche d'un râteau ; quand il a acquis un commencement de dessiccation, on le met en petits tas que l'on se borne à aérer de temps en temps s'il vient à faire mauvais ; à mesure que la dessiccation avance, on réunit le tas en meulons de 2 mètres de hauteur ; le trèfle achève de s'y faner, et au bout de quelques jours on peut le transporter au fenil. Lorsque les pluies sont très-tenaces, il faut se hâter de mettre en meulons tous les tas dont la dessiccation est assez avancée pour ne pas craindre une fermentation violente ; on profitera en même temps, avec diligence, des intervalles de beau temps qui se présenteront, pour défaire les meulons et les aérer, puis on les reformera avec soin dès que le temps redeviendra menaçant. À l'aide de ce procédé, on n'obtient pas, il est vrai, un fourrage de première qualité, chose impossible par des temps pluvieux, mais on s'assure la conservation d'un fourrage très-propre à être consommé dans la ferme. Dans les climats plus chauds, la dessiccation des fourrages artificiels s'opère avec une grande facilité : le point important à observer est de toucher le moins possible à la récolte pendant la forte chaleur, de peur de faire tomber les feuilles qui constituent la partie la plus précieuse du fourrage. Dans beaucoup de localités du Midi, il suffit de retourner une fois les andains; le lendemain du fauchage, on les met en meulons, et le deuxième jour la récolte est en état d'être rentrée.

Le trèfle, dans les années ordinaires, produit une coupe et un regain dont le produit peut être estimé de 5 à 6000 kilogrammes par hectare dans les terres de bonne qualité. La seconde coupe est souvent réservée pour graine. Les falsifications dont la semence de trèfle est devenue l'objet, font une obligation au cultivateur de produire lui-même sa graine. Celle du commerce est souvent récoltée dans un état incomplet de maturité; quelquefois même la plupart des graines sont privées de la faculté de germer, par suite de la dessiccation artificielle à laquelle on les a soumises.

Le trèfle peut durer une et même deux années dans les bons fonds; la plupart des cultivateurs devraient se décider à le couper à la fin de la première année, lorsque les mauvaises herbes l'ont envahi. Un trèfle de deux ans, clair et infesté de mauvaises herbes, profite moins au sol qu'un trèfle d'un an, retourné dans de bonnes conditions. Le trèfle passe généralement pour une plante antipathique avec elle-même. Dans beaucoup de localités on croit ne pouvoir le faire revenir avant cinq ou six ans: l'état du sol, la fertilité et le système de culture jouent un grand rôle dans le retour plus ou moins éloigné du trèfle. Le principe généralement admis est de ne le faire revenir qu'après

un laps de temps égal à celui pendant lequel il a occupé le sol.

Luzerne.

Bien que la luzerne veuille un sol d'excellente qualité, et un climat chaud pour donner tout ce qu'elle est
susceptible de produire, cependant elle vient aussi
très-bien dans les sols ordinaires. Au contraire du trèfle, elle préfère les terres plutôt sèches qu'humides,
surtout celles qui contiennent du calcaire : dans le
nord, elle peut encore être cultivée avec profit dans
les terrains sablonneux qui ont du fonds, de même
que dans les terres silico-argileuses améliorées de
longue main. Les sols qui retiennent l'eau, et ceux
dont le sous-sol consiste en tuf rocheux à fleur de
terre, sont les seuls où elle ne puisse prospérer.

La culture de la luzerne est d'autant plus avantageuse, que cette plante occupe plus longtemps le sol ;
il convient donc de ne rien négliger pour la placer
dans de bonnes conditions de longévité. Dans certaines
localités du midi de la France, le sol destiné à la luzerne est défoncé à 48 centimètres de profondeur ; on
le nivelle et on l'émotte avec le plus grand soin, on lui
applique les engrais les plus riches, et l'on répand la
semence seule à l'automne ou au commencement du
printemps. La plupart des cultivateurs ne pourraient
imiter en grand cette pratique faite sur une petite
échelle, il leur serait facile, néanmoins, d'améliorer
leurs procédés de culture de la luzerne. En général,
on ne laboure pas à une assez grande profondeur ;
des labours de 24 centimètres passent pour des efforts

extraordinaires, tandis que là où il y a du fonds, la charrue devrait pénétrer jusqu'à 35 et 38 centimètres; plus la terre est vigoureusement remuée, plus la luzerne y enfonce ses racines, et partant, plus elle résiste à la température extérieure et donne plus long-temps de riches produits. Un autre défaut dans lequel on tombe trop généralement, c'est de placer la luzerne dans un terrain déjà fatigué par deux récoltes successives de céréales, et presque toujours sali par les mauvaises herbes; or, si le trèfle, qui ne dure qu'un an ou deux, souffre d'un tel état de choses, à plus forte raison compromet-on le succès de la luzerne, en l'exposant à une végétation laborieuse et chétive dès sa levée. Dans la majeure partie de la France, la luzerne se sème au printemps, soit dans un grain de mars, soit dans une céréale d'hiver. On répand de 30 à 40 kilogrammes de semence par hectare, immédiatement avant d'avoir hersé, ou, ce qui vaut mieux, sur le terrain qui a déjà reçu cette préparation.

Le plâtrage de la luzerne s'effectue de la même manière que pour le trèfle, il peut être renouvelé avec avantage tous les ans, en ayant soin d'alterner, dès la troisième année, le plâtrage avec un hersage vigoureux donné au commencement de chaque printemps. Dans les pays favorisés par un climat chaud et un bon sol, et là où l'irrigation est pratiquée, la luzerne donne quatre et cinq coupes par an; dans la plupart des contrées, cependant, on ne compte que sur deux coupes et un regain. Les uns fauchent la première coupe dès que le bouton de la fleur paraît; le plus grand nombre attendent que les têtes soient bien fleuries. La dessiccation s'opère de même que pour le trèfle, avec cette différence, toutefois, que la luzerne perd plus facilement son humidité. La luzerne est en plein rapport à la fin de la deuxième année; sa durée dépend de la nature du sol et des soins qu'on lui donne pendant sa végétation ; il convient de la rompre dès qu'elle s'éclaircit et commence à être envahie par les mauvaises herbes. Un hectare de luzerne, en plein rapport, rend, année moyenne, de 6 à 7000 kilogrammes de foin sec. Après une luzerne défrichée, on obtient aisément plusieurs belles récoltes de céréales sans engrais ; il est prudent d'y mettre d'abord de l'avoine plutôt que du blé qui est plus sujet à verser. Il faut surtout éviter d'abuser de la fécondité que la luzerne a laissée dans le sol pour en tirer des récoltes jusqu'à l'épuisement du terrain : beaucoup de cultivateurs tombent dans ce défaut.

Sainfoin, Esparcette.

Le sainfoin ou esparcette est la plante par excellence pour les terrains calcaires : ce n'est pas qu'il ne puisse venir aussi dans les sols qui conviennent à la luzerne, mais nul ne lui est plus propre que celui qui contient le carbonate de chaux en certaine quantité. Le sainfoin est encore précieux par sa faculté de croître dans les terrains siliceux pierreux : les sols argileux et humides sont les seuls qui ne conviennent pas à cette plante. Le sol destiné au sainfoin doit être préparé par des labours profonds, de même que pour le trèfle et la luzerne : on peut le semer seul ou dans une céréale d'hiver ou de printemps; on répand 4 à 5 hectolitres environ de graine par hectare; la semence se recouvre à la herse. Une bonne méthode de semer le sainfoin au printemps, est celle adoptée par plusieurs cultivateurs; lorsqu'ils ont semé l'avoine, ils l'enfouissent par un coup de herse, font ensuite passer le rouleau sur la pièce, sèment le sainfoin, et enterrent ce dernier par un coup de herse croisé : la semaille, faite de cette manière, se trouve parfaitement répartie. Le plâtrage est aussi utile au sainfoin qu'au trèfle et à la luzerne; il est également bon de le herser fortement au printemps, à compter de la troisième année. On coupe lorsque le tiers des fleurs est converti en graines. Le fauchage et la dessiccation du sainfoin ont lieu de la même manière que pour le trèfle et la luzerne. Le sainfoin peut durer de six à huit ans dans les terres qui lui conviennent et qui ne sont pas fatiguées de cette plante. Quand on veut récolter soi-même la semence, il est préférable de ne laisser grainer le sainfoin que l'année où l'on doit rompre, sans cela on abrégerait beaucoup sa durée. La semence de sainfoin est souvent altérée dans le commerce. La coupe de sainfoin rend de 2 à 3000 kilogrammes par hectare; la variété, dite à deux coupes, fournit un regain bon à faucher.

Trèfle incarnat.

Le trèfle incarnat, récolté sec, ne donne qu'un fourrage de très-médiocre qualité, à peine supérieur à la paille des céréales; en revanche, il est d'une grande ressource comme fourrage vert précoce.

Le sol destiné au trèfle incarnat ne demande point à être remué par la charrue; un coup d'extirpateur ou même de herse sur le chaume de blé ou de seigle, suffit pour cette plante. Le trèfle incarnat se sème ordinairement avec son enveloppe dans la proportion de 25 kilogrammes par hectare. Dans les contrées méridionales, on peut le faucher dès le commencement d'avril; dans le nord de la France, la fleur ne paraît guère que vers la fin de ce mois; il est bon, du reste, de couper avant qu'il ne soit en fleurs, on se procure ainsi un fourrage de meilleure qualité et qui dure plus longtemps. Dans certains départements du sud-ouest de la France, notamment dans la Haute-Garonne et les Hautes-Pyrénées, on connaît une deuxième variété de trèfle incarnat, appelée farouch tardif, parce qu'il n'est bon à faucher que dans la première quinzaine de mai; en semant ces deux variétés, on nourrit très-économiquement le bétail au vert pendant près de deux mois, avantage d'autant plus précieux, qu'à cette époque de l'année les bestiaux sont fatigués de la nourriture-sèche, et qu'on ne peut encore les envoyer au pâturage. Dans les contrées méridionales, il est d'usage de semer le trèfle incarnat sur un chaume de blé ou de seigle; après la récolte du fourrage, on donne un labour à la terre et l'on y sème du maïs; dans le nord de la France, le trèfle incarnat fauché en vert peut être remplacé par des pommes de terre, des betteraves, ou par du plant de colza.

Lupuline.

La lupuline convient surtout aux terrains secs et pierreux dans lesquels le trèfle et la luzerne viendraient mal ; elle fournit une coupe d'excellente qualité ; on la sème dans la proportion de 30 kilogrammes par hectare ; sa culture et sa récolte sont les mêmes que celles du trèfle.

Vesces.

Les vesces se plaisent dans les sols qui conviennent au trèfle ; les terres argileuses suffisamment meubles sont celles où elles réussissent le mieux. On donne en général deux labours pour les vesces ; quand on a du fumier à sa disposition, il est bon de l'appliquer à cette plante, sa végétation en devient plus vigoureuse, et elle laisse à la récolte qui lui succède, une terre nette et en bon état d'engrais. Suivant que l'on cultive la vesce d'hiver ou celle de printemps, on sème au mois de septembre ou d'octobre, ou dans le courant de mars ; les semailles d'hiver, faites de bonne heure, quand elles ne sont pas détruites par les gels et dégels ou par de très-fortes gelées, rendent ordinairement plus que les vesces de printemps ; celles-ci, en revanche, ont l'avantage d'échelonner la nourriture verte pendant les mois de l'été, alors que la ressource des vesces d'hiver est épuisée. On répand la semaille dans la proportion de 2 hectolitres environ par hectare ; on se trouve bien, en général, d'y mêler un quart de seigle ou d'avoine pour servir de support aux vesces ; la semence s'enfouit à la herse ou à l'extirpateur. Les vesces peuvent être fauchées quand elles sont en fleurs, on préfère attendre cependant qu'une partie des gousses soit déjà nouée. Bien récoltée, la vesce fournit un excellent fourrage pour toute espèce de bétail, elle engraisse rapidement les bêtes à laine et tient lieu d'avoine aux chevaux, quand on la leur donne non battue. Le plâtrage produit sur les vesces le même effet que sur le trèfle ; après des vesces bien réussies, on obtient ordinairement un très-beau blé, et cela pour trois raisons : parce qu'elles laissent le sol en bon état d'engrais, parce que les vesces étouffent les mauvaises herbes pendant leur végétation, et qu'après leur récolte, on a le temps nécessaire de préparer la terre par deux ou trois labours d'été qui équivalent à une demi-jachère. Les années modérément humides sont celles qui favorisent le plus la végétation des vesces ; dans les années sèches, leur produit est presque nul : quand il pleut trop, elles versent et sont exposées à pourrir sur pied ; leur fanage n'est pas sans difficulté. Dans ces derniers temps, on s'est servi de la culture des vesces pour se débarrasser économiquement du chiendent. Il suffit, au dire d'un excellent cultivateur, M. de Montbrison, de laisser la vesce se coucher et pourrir en partie sur pied ; la fermentation qui s'opère alors dans le bas de la plante, fait périr complètement le chiendent : la partie supérieure des vesces peut être encore récoltée, le reste, enfoui dans le sol, tient lieu d'une demi-fumure.

PRAIRIES NATURELLES.

Avant que les prairies artificielles fussent connues, les prairies naturelles jouaient un grand rôle. Non-seulement on ne croyait pas pouvoir s'en passer, mais on les regardait comme la condition nécessaire d'une bonne culture ; aujourd'hui que le trèfle et la luzerne font partie des assolements, et qu'à l'aide de ces plantes on obtient, sur une étendue donnée, trois fois autant de fourrage, que le même terrain peut en fournir en prairies naturelles, celles-ci ne sont plus considérées comme indispensables ; peut-être même, par une réaction exagérée, ne leur attribue-t-on pas toute l'importance qu'elles méritent. On veut bien les admettre, il est vrai, dans les localités sujettes à être inondées, au versant des pentes rapides, et là où l'on peut disposer d'un cours d'eau pour l'irrigation ; il est cependant d'autres circonstances où les prairies peuvent rendre de grands services au cultivateur, tel est le cas, par exemple, d'une ferme située dans un terrain froid, difficile à travailler, et où la main-d'œuvre est rare et coûteuse ; tel est encore celui de pays tellement accidentés que les cultures y exigent une grande dépense de forces ; il en est de même quand le climat est sujet à des pluies fréquentes ou lorsque la contrée est souvent ravagée par la grêle ; il faut en dire autant des terrains où le trèfle et la luzerne réussissent mal : dans ces conditions fâcheuses, de bonnes prairies, bien soignées, donneront des bénéfices plus assurés que toute autre culture, en apparence plus lucrative ; il suit de là que, tout en maintenant les prairies artificielles au rang qu'elles occupent à si juste titre, il ne faut pas négliger la ressource des prairies naturelles, ressource d'autant plus précieuse, qu'on peut en faire profiter tour-à-tour les terres arables et s'épargner ainsi une dépense considérable d'engrais.

D'après la position qu'elles occupent, les prairies se distinguent en prairies élevées, en prairies moyennes et en prairies basses. Les premières, dans les climats humides, sont très-avantageuses ; elles fournissent une herbe d'excellente qualité et suffisamment abondante ; mais si le climat est sec, elles perdent considérablement de leur valeur ; ce foin, tout en conservant sa qualité supérieure, ne se fauche qu'une fois et rend très-peu : aussi est-il plus avantageux, dans la plupart des cas, de les convertir en terres arables, que de les maintenir en prairies. Les prairies moyennes sont celles qui se trouvent situées dans les vallées ouvertes, auprès des rivières peu encaissées ; elles profitent de la fraîcheur naturelle de leur position, sans souffrir d'un excès d'humidité : suivant qu'elles sont plus ou moins favorablement situées, elles se fauchent une ou deux fois, et donnent une herbe de bonne qualité. Les prairies basses produisent, en général, un foin très-abondant, mais de médiocre valeur : toutefois, lorsqu'elles peuvent être améliorées à l'aide de travaux d'assainissement, on rend bientôt à l'herbe les qualités qui lui manquent : il suffit souvent de quelques saignées faites avec intelligence pour changer entièrement l'espèce des plantes qui couvrent une prairie humide. De même aussi, lorsqu'on l'abandonne à elle-même, les mauvaises herbes ne tardent pas à l'envahir et à faire disparaître les bonnes espèces qui la composaient.

Au nombre des plantes les plus nuisibles aux prairies, il faut ranger les joncs, les laiches, les renoncules, la grande consoude, la patience, les différentes espèces d'oseilles, les prêles ou queue de cheval, les glayeuls, les roseaux, les menthes; toutes se plaisent dans les terrains mouilleux: des saignées pratiquées dans le sens de la pente du terrain, et aboutissant à un ou plusieurs grands fossés d'écoulement, peuvent être employées avec succès pour assainir ces sortes de prairies; une fois débarrassées de leur excès d'humidité, des amendements de chaux, de cendre, de suie ou même de simples terrages, contribuent beaucoup à améliorer la nature des herbes: les mauvaises plantes qui ne croissaient qu'à l'aide d'une humidité permanente, disparaissent alors et cèdent la place à d'excellentes graminées, et surtout aux plantes de la famille des légumineuses si recherchées par le bétail. Si le terrain est tourbeux, des rigoles et des fossés d'écoulement seront rarement suffisants: il faudra souvent recourir à l'écobuage: ce procédé, sagement utilisé, offre une grande économie dans l'amélioration des prairies marécageuses.

Mais de tous les moyens recommandés pour se procurer de bonnes prairies, le plus sûr consiste à les créer soi-même. Trois considérations essentielles doivent être observées à cet égard: le choix du terrain et sa préparation, le choix des graines destinées à son ensemencement, et enfin les soins à donner à la prairie établie.

Les terrains frais et riches sont ceux qui conviennent le mieux à la production de l'herbe; dans les terres sèches ou fatiguées, la prairie rend peu et paie mal les soins qu'on lui applique. La première chose à faire quand on veut convertir un terrain en prairie, c'est de lui donner tout l'ameublissement et la propreté désirables. On arrive à ce double résultat, soit par une jachère bien travaillée, soit par la culture d'une récolte sarclée. Au printemps de l'année suivante, on sème la graine de pré dans le blé d'hiver ou dans la récolte d'orge ou d'avoine qui succède à la plante sarclée. Le choix de la semence est de la plus haute importance pour le succès de la prairie. En général, on se contente de ramasser la fleur de foin dans les greniers et de la répandre sans autre soin; mais, de la sorte, on n'obtient qu'un champ d'herbes dont la plupart seront dédaignées par le bétail, si même elles ne lui sont nuisibles : ce n'est pas tant le nombre que l'espèce des plantes qu'il est essentiel de considérer dans l'établissement d'une prairie. Quelques graminées bien choisies, mêlées à un petit nombre de graines de la famille des légumineuses, vaudront mieux, dans la plupart des cas, que le pêle-mêle informe de plantes qui ne sont liées entre elles par aucune affinité de sol, de végétation ou de propriétés nutritives. Les plantes qui conviennent le mieux aux terrains frais, sont : parmi les graminées, le fromental (*avena elatior*), l'avoine des prés (*avena pratensis*), le ray-grass (*lolium perenne*), le fléau des prés (*phleum pratense*), le paturin des prés (*poa pratensis*), la fléole noueuse (*phleum nodosum*), les houlques laineuse et molle (*hol-*

cus *lanatus et mollis*), le vulpin des prés (*alopecurus pratensis*); parmi les légumineuses, il faut citer le trèfle blanc (*trifolium repens*), le trèfle rouge (*trifolium pratense*), le trèfle hybride (*trifolium hybridum*), le lotier corniculé (*lotus corniculatus*). Ces plantes, mêlées avec celles des prés proprement dites, donnent d'excellents résultats; leurs principales qualités sont d'améliorer la nature du foin, de donner du pied à l'herbe et d'empêcher la fraîcheur du sol de s'évaporer.

Les soins que réclame la prairie, ont pour but d'obtenir des récoltes abondantes et durables. Des engrais terreux appliqués à propos, des hersages au printemps, l'épandement des taupinières, produisent d'excellents effets sur les prairies. La manière dont on procède à la récolte n'est pas non plus indifférente. Dans beaucoup de localités, on a la mauvaise habitude d'attendre que les plantes soient tout-à-fait mûres pour y mettre la faulx : il en résulte, d'une part, qu'on épuise promptement la prairie, et de l'autre, qu'on ne recueille qu'un foin de médiocre qualité : le moment le plus avantageux pour couper, est celui où la plupart des plantes sont en fleurs et n'ont point encore graîné. C'est ordinairement dans le courant de juin qu'a lieu la première coupe des foins. Le faucheur doit couper l'herbe aussi près que possible de terre, sous peine de laisser perdre une partie considérable de la récolte qui est toujours plus épaisse au pied des plantes qu'à leur tête ou vers leur milieu. La première fauchée, quand il fait beau, ne reste en andains que pendant une partie de la matinée; vers le milieu du jour, on l'éparpille avec des fourches, le soir on la réunit en petits tas ; ce qui est fauché le reste du jour, est laissé sur le sol tel que la faulx l'y a couché ; le lendemain, aussitôt que la rosée est dissipée, on l'éparpille ainsi qu'il vient d'être dit, et on réunit l'herbe en tas avant la nuit ; tous les tas doivent être successivement répandus chaque matin, après que la rosée est dissipée, et remis de nouveau en tas plus forts pour passer la nuit : suivant l'état de la température, l'herbe est retournée à diverses reprises pendant la journée ; quand elle a été suffisamment aérée, et qu'elle a perdu presque toute son humidité, on l'accumule en meules, elle y sue, jette son feu et y acquiert ses qualités définitives : ce point obtenu, il n'y a plus qu'à rentrer le foin au fenil ou bien à le dresser en meules en plein air ; il s'y conserve très-bien, pourvu qu'on ait soin de le tasser fortement.

Lorsque le temps se maintient au beau, la fenaison ne présente guère de difficultés, il suffit de disposer d'un nombre de bras suffisant, et de veiller à ce que l'herbe soit convenablement étendue, retournée et mise en meules avant qu'une trop grande dessiccation ne lui ait enlevé une partie de ses qualités ; il n'en est pas de même quand des pluies tenaces viennent contrarier l'opération : dans ce cas, le salut de la récolte dépend souvent de la diligence du cultivateur à saisir les instants favorables pour hâter la dessiccation. « Tant » que l'herbe est verte, et pour ainsi dire encore vi- » vante, dit M. de Dombasle, les pluies ne lui enlèvent » aucun suc et lui font peu de tort, elle peut rester en » andains pendant quelques jours, avec le soin de re- » tourner seulement les andains sans les étendre, si

» l'on s'aperçoit que le dessus jaunit ; c'est le parti le
» plus prudent lorsque le temps est à la pluie. Lorsque
» les andains ont été étendus, et que l'herbe a un
» commencement de dessiccation, on doit apporter le
» plus grand soin à éviter qu'elle soit exposée à une
» ondée de pluie ou à la rosée de la nuit, autrement
» qu'en tas ; dans tout le cours de la fenaison, aucune
» portion d'herbe ou de foin, dans les divers degrés de
» sa dessiccation, ne doit jamais passer la nuit étendue
» sur le sol, et l'on doit tout mettre en œuvre pour
» éviter que le foin reçoive jamais une ondée dans
» cette position. On fait les tas très-petits lorsque la
» dessiccation commence, et à mesure qu'elle s'avance
» on en augmente le volume. A chaque intervalle de
» beau temps, on étend les tas, petits et gros ; on re-
» tourne fréquemment le foin pour le mettre promp-
» tement en tas le soir, ou lorsque la pluie s'annonce. »

Dans les prairies sèches, on n'obtient qu'une seule
coupe et un regain qui, ne pouvant être fauché, est
pâturé par le bétail ; les prairies bien situées donnent
souvent une coupe et un regain bon à faucher ; quand
on peut irriguer, il n'est pas rare d'obtenir deux
bonnes coupes et un regain. L'irrigation consiste à diriger un cours d'eau sur le terrain qu'on veut arroser.
Toute espèce d'eau n'est point indifférente pour cet
objet : celle qui reçoit des matières fécales ou limoneuses est la meilleure. La conduite de l'eau est
d'une grande importance pour le succès de l'irrigation.
En général, on amène l'eau sur les prés vers l'automne, aussitôt après qu'on en a retiré le bétail ; on
cesse l'irrigation aux approches des gelées, ou la re-

prend au printemps, et on la continue jusque dans la semaine qui précède la fenaison. L'irrigation doit être suspendue toutes les fois que la prairie est suffisamment imbibée ou que le temps est humide. Plus la température est élevée, moins les eaux doivent séjourner longtemps sur la prairie ; tant que l'eau court sur la prairie, celle-ci n'a rien à craindre des gelées tardives ; mais elle y est plus exposée, quand, après avoir retiré l'eau, elle n'est pas entièrement ressuyée. Toute prairie soumise à l'irrigation doit être fumée de temps à autre avec soin, sous peine de ne plus donner, après un certain nombre d'années, que des produits de médiocre qualité et moins abondants : l'eau n'est un engrais qu'autant qu'elle est chargée de matières limoneuses ou d'autres principes fertilisants ; quand elle est pure, elle ne fait qu'exciter la production au détriment du sol, et partant, elle contribue à épuiser le terrain irrigué auquel on n'applique pas d'engrais.

L'eau qui a déjà couru sur une prairie et qui y a laissé ses principes fertilisants, n'est plus qu'une eau épuisée, une sorte de *caput mortuum* : on ne peut la reprendre avec profit pour une nouvelle irrigation, qu'autant qu'elle a préalablement séjourné dans un canal de repos ou réservoir, et qu'elle s'y est chargée de nouveaux éléments de fertilité.

DEUXIÈME PARTIE.

—

ÉCONOMIE DU BÉTAIL.

On a longtemps considéré, en France, le bétail comme un mal nécessaire. Cette définition n'est exacte qu'autant que le cultivateur ne tient pas le nombre d'animaux qu'exigerait l'étendue de son exploitation, qu'il les nourrit mal, et qu'il ne leur donne aucun soin; sans bétail point d'engrais, sans engrais point de récoltes, d'où suit encore que le bétail le mieux nourri et le mieux soigné est celui qui donne le plus de bénéfice, et qu'il coûte d'autant plus cher qu'on néglige davantage ce principe.

Les soins à donner au bétail sont de deux sortes : les uns sont relatifs à l'existence même des animaux, et, partant, s'appliquent à tous indistinctement; les autres se rapportent spécialement à chaque espèce de bétail.

Soins généraux.

Le premier et le plus important de tous les soins, est de placer le bétail dans de bonnes conditions hygiéniques. Nul animal, s'il ne se trouve dans un air sain et une température convenable, ne peut prospérer. Dans la plupart des localités, les étables sont basses, étroites et obscures; ce vice de construction y entretient une chaleur humide très-nuisible; dans quelques contrées, on ne défend pas assez les animaux contre le froid :

cet inconvénient, toutefois, est moins grave que celui d'une température trop élevée. La chaleur et l'obscurité sont favorables aux bêtes à l'engrais; le jeune bétail aime une température douce dans l'intérieur des étables; à l'air libre, il supporte bien un froid modéré. Le renouvellement fréquent de la litière est encore une condition essentielle pour la santé du bétail; lorsqu'on la laisse séjourner trop longtemps sans qu'il y ait d'écoulement pour les urines, les animaux souffrent d'un excès de chaleur et sont sujets à des maladies de peau; ces dernières, cependant, peuvent être évitées à l'aide de pansements et frictions dont un bon cultivateur doit faire souvent usage.

Un exercice modéré, principalement pour le jeune bétail, contribue beaucoup à entretenir la santé des animaux et à favoriser le développement de leur force; la stabulation permanente ne doit être employée que pour les bêtes adultes; encore, dans la plupart des cas, est-il préférable de la tempérer par un pacage de quelques heures le matin et le soir pendant la belle saison, et par quelques sorties dans la journée pour aller à l'abreuvoir.

Le genre de nourriture et la distribution des repas exercent encore une grande influence sur la santé du bétail.

La nourriture doit être abondante et en rapport avec la nature de chaque animal et le parti qu'on en veut tirer. Se contente-t-on de la simple ration d'entretien, on empêchera, il est vrai, l'animal de mourir de faim, mais il n'augmentera ni ne dépérira. On n'obtiendra en outre que peu de laine, de viande, de lait ou de travail, car ces produits sont le résultat de l'excédant de la ration d'entretien, d'où suit que moins on nourrira le bétail, plus la nourriture coûtera cher, puisque ce peu qu'il consomme est absorbé sans rien créer.

Toute espèce de nourriture ne convient pas au même degré à chaque genre d'animaux. Les bœufs de trait veulent une nourriture substantielle qui entretienne et développe leur vigueur, les vaches laitières préfèrent une nourriture aqueuse; les animaux à l'engrais exigent les aliments les plus nutritifs. Il faut de plus, si ce sont des animaux ruminants, comme les bêtes à cornes et les bêtes à laine, que la nourriture soit assez volumineuse pour remplir la capacité de leur estomac.

La variété des aliments influe beaucoup sur la santé et la prospérité du bétail; dans la plupart des cas, c'est le meilleur moyen d'augmenter la valeur nutritive des substances qu'il consomme; c'est sur ce principe qu'est fondée l'utilité du mélange des racines avec les fourrages secs. Une précaution importante doit être observée à cet égard: il faut éviter de faire passer brusquement les animaux d'une nourriture à une autre, non plus que d'une ration faible à une ration considérable, et *vice versâ*. Le bétail accoutumé à une certaine nourriture ne passe pas volontiers subitement à un nouveau genre d'alimentation, il faut l'y amener par degré si l'on ne veut s'exposer à le voir diminuer dans les premiers temps de ce changement; une transition brusque de la disette à l'abondance peut occasioner des indigestions funestes: pour les prévenir, il suffit d'augmenter chaque jour un peu la ration de l'animal, il arrivera ainsi en peu de temps à consommer de

fortes quantités de nourriture sans en éprouver d'inconvénients.

Les aliments dont on nourrit le plus souvent le bétail, sont la paille, les fourrages secs, les fourrages
verts, les grains, les racines et les résidus.

Tous les animaux mangent volontiers la paille, lorsqu'elle ne constitue pas leur principale nourriture;
donnée seule, elle doit être considérée comme un fourrage de peu de valeur et très-cher : mélangée, au contraire, avec des racines, elle peut tenir lieu de foin,
surtout si on a soin de la hacher et de la servir humectée.

Les fourrages secs comprennent le foin et le regain
des prairies naturelles et artificielles. Le foin de prairie
convient à toute espèce de bétail, surtout aux bêtes de
travail dont la ration doit toujours en contenir une certaine quantité; le regain est généralement réservé pour
les vaches laitières, le jeune bétail et les bêtes à l'engrais : les foins de trèfle, luzerne, bien récoltés valent,
à peu de chose près, le foin des prés; le sainfoin lui
est même préférable pour les chevaux quand on a laissé
les graines se former avant la fauchaison. Quelle que
soit, du reste, l'espèce de foin qu'on emploie, celui-ci
ne profite jamais mieux au bétail que lorsqu'on le lui
donne mélangé avec des racines ou des résidus de distillerie ou de brasserie : la combinaison d'une nourriture sèche avec des aliments aqueux double alors la
valeur des substances nutritives, et contribue puissamment à entretenir le bétail en santé : les racines
données concurremment avec les fourrages secs
peuvent former, en valeur nutritive, la moitié de la

ration journalière en foin : il est bon de les administrer avec prudence, surtout au commencement de l'adoption d'un nouveau régime.

Les fourrages verts, pris dans les champs ou donnés à l'étable, forment une très-bonne nourriture pour le bétail : ce mode de nourriture peut cependant occasioner les accidents connus sous les noms de météorisation, gonflement, si, lorsqu'on commence à donner du vert, on n'apporte pas la plus grande précaution à empêcher les animaux d'en manger en trop grande quantité, ou lorsque le fourrage est humide. Lorsqu'un animal vient à être météorisé, on doit lui faire avaler sans délai une cuillerée d'ammoniaque liquide mêlé avec de l'eau : si ce remède ne réussit pas, il faut recourir à la ponction. On perce le flanc gauche de l'animal entre la hanche et les côtes, avec un instrument nommé *trocart* ou bien avec un couteau, et l'on tient pendant quelque temps la blessure béante, au moyen d'une canule, afin que le gaz puisse s'échapper. La météorisation peut se manifester à l'étable : le plus souvent, cependant, elle se déclare au pâturage. Dans le premier cas, il est facile de l'éviter, en faisant manger de la paille aux animaux avant de leur donner le vert, ou bien en mélant cette dernière nourriture avec la paille hachée ; au pâturage, on prévient la météorisation en ayant soin de ne pas conduire les animaux dans le champ de trèfle ou de luzerne, lorsqu'ils sont affamés ; il est prudent de ne les y envoyer que lorsqu'ils ont déjà pris une première nourriture ailleurs, ou bien encore en les chassant à diverses reprises des pâturages qu'on veut leur abandonner.

Les grains, à cause de leur prix élevé, se donnent presque exclusivement aux chevaux et aux bêtes à l'engrais. Dans la morte saison, quand les chevaux travaillent à peine, on peut remplacer leur ration d'avoine par des carottes; dans les forts travaux, rien ne remplace l'avoine, si ce n'est les fèves.

Les résidus sont très-précieux pour le bétail à l'engrais, on les donne aussi avec profit aux vaches laitières; l'emploi le plus avantageux des résidus de distillerie consiste à les donner comme boissons ou sous forme de soupes, en y faisant tremper du foin et de la paille hachée. On attend qu'elles soient tièdes pour les distribuer au bétail. Les tourteaux sont généralement réservés pour le bétail à l'engrais, ils ne doivent pas composer sa nourriture exclusive; on les lui donne souvent détrempés dans de l'eau; les tourteaux de lin sont regardés comme les meilleurs pour le bétail à l'engrais; en second lieu viennent les tourteaux de colza et de navette, ceux de chenevis ont une médiocre valeur ainsi que les tourteaux de faînes.

Le tableau suivant, emprunté au savant professeur Moll, résume la valeur comparative des diverses substances alimentaires qu'on peut donner au bétail.

Sont égaux à 100 kilogrammes de bon foin de prairies naturelles :

    103 kilog. de regain ;
    100 — de foin de trèfle, luzerne ou vesces ;
     90 — de sainfoin ;
400 à 450 — de trèfle ou de vesces en vert ;
    400 — de luzerne ;
    300 — de maïs en vert ;

600 kilog. de choux ;
420   —   de paille de seigle ;
330   —   de paille de froment ;
290   —   de paille d'orge ou d'avoine ;
175   —   de paille de pois ou de vesces ;
200   —   de paille de féverolles ;
275   —   de paille de sarrasin ;
400   —   de paille de maïs ;
200   —   de pommes de terre crues ;
175   —   de pommes de terre cuites ;
210 à 250   —   de betteraves de Silésie ;
380   —   de betteraves champêtres ;
275   —   de carottes ;
300   —   de rutabaga ;
500   —   de navets ;
58   —   d'avoine ou de sarrasin ;
54   —   d'orge ;
50   —   de seigle ou de maïs ;
42   —   de froment ou de vesces ;
40   —   de pois ou de féverolles ;
57   —   de tourteaux de colza ou de navette ;
50   —   de tourteaux de lin.

PROPAGATION DU BÉTAIL.

Par la propagation du bétail, le cultivateur se propose de conserver la race de ses animaux, de la modifier ou même de la renouveler entièrement : le choix des individus d'une même race, ou le croisement d'individus de races différentes, est le principal moyen qu'il emploie dans ce but.

Il existe de grandes différences dans les races d'animaux domestiques : ces différences, qui se transmettent de générations en générations, sont produites naturellement par le climat, le traitement, la nourriture ; et, artificiellement, par le choix des individus destinés à la propagation.

Le cultivateur qui veut ainsi multiplier son bétail, doit rechercher dans son étable ou dans le pays qu'il habite, des animaux qui, par leurs qualités, constituent une bonne race ; ces qualités varient suivant qu'on a en vue de se procurer des bêtes de travail, des vaches laitières, ou des animaux destinés à l'engraissement. A-t-on trouvé une race propre au but qu'on veut obtenir, on choisit des animaux qui soient d'une bonne constitution et suffisamment développés ; des bêtes trop jeunes ou trop vieilles ne donnant que de chétifs produits, doivent être rejetées pour la reproduction. Si la contrée ne possède qu'une race médiocre, on peut l'améliorer par le croisement avec des mâles d'une race meilleure tirée d'un autre pays : en accouplant ainsi, pendant plusieurs générations, des mâles de choix avec les plus belles femelles issues des croisements antérieurs, on régénérera peu à peu la race du pays, en supposant toutefois qu'on ait soin d'améliorer en même temps le régime sanitaire et alimentaire des animaux, s'ils laissent à désirer. Dans le croisement des diverses races, on doit surtout éviter d'accoupler entre elles des bêtes de la même famille, afin d'éviter la dégénérescence de la race ; les mâles doivent, autant que possible, être de la même taille ou plus petits que les femelles, mais non plus gros : des mâles trop volumineux fatiguent les femelles et les exposent à de graves accidents lors de la parturition. Toutes les fois qu'on cherche à améliorer sa race par le croisement avec des animaux d'une autre contrée, il est essentiel de tirer ceux-ci de pays analogues à celui où l'on cultive, et non plus riches : en effet, les grandes races transportées des pays fertiles dans les pays pauvres, ne conservent pas dans leurs produits la taille élevée que leur avaient communiquée de riches pâturages. Les petites races, au contraire, transportées dans des contrées fertiles, ne tardent pas à y acquérir une notable augmentation de taille et de poids.

Mais, pour améliorer une race de bétail, il ne suffit pas de bien choisir les animaux qu'on veut accoupler ensemble, il faut encore étendre ses soins à la mère pendant la gestation et l'époque du part, et les continuer au jeune animal jusqu'au moment où ce dernier sera lui-même en état de propager son espèce.

Le traitement auquel on soumet la femelle pendant la gestation, exerce une grande influence sur son produit : une bonne nourriture, des pansements fréquents, un travail modéré surtout pendant la seconde période de la gestation, contribuent beaucoup à assurer une bonne constitution au jeune animal et à accroître sa taille ; la négligence de ces soins expose la mère à l'avortement ou du moins à ne donner qu'un produit chétif. Le petit né doit, en général, être laissé pendant les premiers temps aux soins de sa mère ; tant que dure l'allaitement, celle-ci recevra une nourriture plus abondante et plus choisie ; il sera bon également de lui épargner des travaux trop rudes. Le jeune animal grandit, ses besoins augmentent, bientôt le lait de sa mère ne lui suffit plus, on lui donne alors un supplément de nourriture appropriée à ses jeunes organes. Arrive enfin le moment où il peut se passer entièrement de sa mère, c'est le moment de le sevrer. Le sevrage est une époque très-importante pour l'animal; c'est pendant cette période de sa vie que l'on jette les fondements de sa taille et de sa constitution future; une bonne nourriture, un exercice modéré sont les meilleurs moyens de produire un bel animal, de même que des aliments grossiers ou insuffisants, une fatigue prématurée, ou l'absence complète d'exercice, ont pour résultat de faire une bête dégénérée.

Bêtes à cornes.

Cette espèce de bétail est celle qui rend le plus de services au cultivateur, c'est celle qui fournit la plus grande partie des engrais employés en agriculture. Suivant les pays où les bêtes à cornes ont été élevées, on les distingue en trois races principales, savoir: la race de montagnes, la race des contrées basses et la race des plaines. La race de montagnes se distingue généralement par sa constitution robuste et sa taille moyenne; elle fournit d'excellents animaux de travail. La race des contrées-basses se reconnaît à sa taille élevée et à sa charpente vigoureuse, elle est plus propre à l'engraissement qu'au travail. La race des plaines n'a point de caractère propre, elle tient à la fois des deux autres races avec lesquelles elle a été souvent croisée: la richesse ou la pauvreté de la contrée, ainsi que l'état plus ou moins avancé de la culture, sont les principales causes des variétés nombreuses qu'on observe dans cette race mixte ; les conditions spéciales où se trouve le cultivateur doivent le déterminer dans le choix de telle ou telle race.

L'âge des bêtes à cornes se reconnaît aux dents incisives : à la fin de la première année, les dents du milieu tombent et sont remplacées par deux dents plus larges ; les deux dents qui suivent tombent ensuite à la seconde année et sont remplacées par d'autres dents plus larges ; il en est de même des autres ; à la cinquième année, toutes les dents de lait incisives sont tombées et remplacées par de nouvelles dents : l'usure des dents indique ensuite l'âge ultérieur de l'animal.

Le taureau bien nourri peut saillir aisément de trente-cinq à quarante vaches dans une saison ; il peut commencer la lutte dès l'âge de dix-huit mois ; la génisse donne rarement de beaux produits lorsqu'on la mène au taureau avant que sa deuxième année ne soit accomplie. La chaleur de la femelle dure de vingt-quatre à trente-six heures ; il faut avoir soin de ne pas laisser passer plusieurs fois ce temps sans la faire couvrir, sans cela on l'expose à devenir stérile. La vache porte pendant neuf mois et quelques jours ; aux approches du part, loin de diminuer la ration alimentaire de l'animal, ainsi que cela a lieu dans plusieurs contrées, il faut lui donner une bonne nourriture qui favorise toujours la sortie du veau ; lorsque celui-ci se présente bien, il n'y a qu'à laisser agir la nature, le part s'effectue alors sans difficultés ; ce n'est que dans le cas où le veau est mal placé, par exemple quand il se présente en travers, ou que le train de derrière s'offre tout d'abord les jambes étant repliées, qu'on vient au secours de la mère en cherchant à placer le produit dans une meilleure position : cette opération exige de grandes précautions si l'on ne veut estropier la vache et compromettre la vie du jeune animal. Dès que la vache a vêlé, les uns lui laissent le veau afin qu'elle le lèche et qu'elle le nourrisse, les autres, ne voulant pas que le veau tête, le séparent de sa mère dès qu'il est né, ils le portent sur une bonne litière dans une case spéciale préparée d'avance, et lui font boire, pendant les premiers jours, le lait de sa mère récemment trait ; au bout de quelques jours, on peut lui donner indifféremment le lait de sa mère ou de toute autre vache.

Le veau peut être sevré un mois ou six semaines après sa naissance, le sevrage s'opère sans difficultés lorsqu'on a soin de supprimer graduellement le lait ; on en diminue d'abord la quantité en le remplaçant par des eaux blanches ; peu à peu on ajoute du regain à sa nourriture ; on l'envoie ensuite pâturer, ou bien on le soumet au travail dans les cas que les bêtes adultes, quand il est parvenu à un degré suffisant de développement. Pour faire des veaux gras, il suffit de nourrir exclusivement du lait ou d'eau de lait, on lui en fait consommer autant qu'il veut en prendre ; à la fin de l'engraissement qui se termine ordinairement à six semaines, on lui fait avaler un œuf matin et soir : nourri de cette manière, le veau prend une chair très-blanche ; il perd cette qualité si on le rebute, pour peu qu'on mêle au lait quelque autre substance étrangère, telle que du son ou des eaux blanches. Les veaux d'élève destinés à former des bêtes de travail, doivent être châtrés dans l'année de leur naissance.

Le temps où la vache donne le plus de lait est celui du vêlage; peu après le part, le lait diminue, mais il gagne en qualité; il tarit lorsque l'animal est prêt de mettre bas de nouveau. La vache doit être traite à fond et tenue avec une grande propreté; l'inobservation de ces soins fait diminuer la quantité du lait, et peut occasioner des affections locales.

Les bêtes à cornes peuvent être nourries de trois manières : au pâturage continu, à l'étable d'une manière permanente, ou bien à l'aide d'un pâturage temporaire combiné avec la stabulation.

La première méthode, en apparence la moins coûteuse de toutes, est celle qui revient le plus cher; elle exige beaucoup de terrain; les bêtes gaspillent une partie de l'herbe en la foulant aux pieds et en la couvrant de leurs excréments; leur fumier est en outre dissipé sans profit quand on n'a pas soin de l'étendre. Dans la plupart des cas, si l'herbage est riche, il vaut mieux le faucher pour faire consommer l'herbe à l'étable; on pourrait encore la faire pâturer économiquement en attachant les bêtes à un piquet. La nourriture à l'étable présente de grands avantages, quand on n'y soumet que des bêtes bien développées; il faut alors avoir soin de disposer la production des fourrages artificiels de manière à ce qu'elle se suive sans interruption. Les vesces, le trèfle, la luzerne doivent se succéder pendant la belle saison; l'hiver, les fourrages secs et les récoltes-racines formeront la nourriture du bétail à l'étable; ce système exige plus de main-d'œuvre et une litière plus abondante et souvent renouvelée.

La nourriture temporaire au pâturage combinée avec
la stabulation réunit, dans la plupart des cas, les avantages des deux méthodes précédentes ; d'une part la
santé des animaux s'en trouve mieux, de l'autre, elle
est mise en rapport avec les ressources du plus grand
nombre des cultivateurs : le matin ou le soir, dans la
belle saison, convient spécialement pour faire pâturer les bêtes à cornes; on évite ainsi qu'elles soient
tourmentées par la chaleur et les insectes, qui les fatiguent beaucoup dans le milieu du jour.

Les bœufs et les vaches réservés comme bêtes de
travail, peuvent être utilisés dès la troisième année,
en ayant soin de les employer d'abord à de légers char-
rois, et de ne leur faire faire que des demi-journées
de labour : malheureusement le plus grand nombre des
cultivateurs n'attendent pas cet âge pour les soumettre
à des travaux plus rudes, mais c'est ruiner l'animal et
abréger le temps pendant lequel on aurait pu l'utiliser
si l'on avait agi plus sagement. Avec nos races actuelles
de bêtes à cornes, l'âge de six ou huit ans est celui auquel on les engraisse avec le plus de succès. Dès que
l'engraissement est arrêté, il ne faut plus songer à
tirer le moindre service de l'animal, il n'y a plus qu'à
le nourrir fortement et à observer certaines règles,
sans lesquelles l'opération ne saurait être profitable.

Le point le plus essentiel, quand on veut se livrer à
l'engraissement, consiste à bien choisir les animaux.
Ceux-ci doivent être sains et en bon état d'entretien ;
ils doivent, en outre, présenter les caractères qui indiquent de la propension à prendre graisse, savoir :
un corps cylindrique, large et long, la poitrine large,

les os petits, la peau fine, un tempérament doux ; ces qualités se trouvent réunies notamment dans les races flamandes, agenaises, normandes et du Charolais. Le choix des animaux déterminé, il faut aviser au moyen de les engraisser promptement. Les bêtes à l'engrais consomment une plus grande masse d'aliments que les autres, mais ce n'est pas tant le volume que la qualité nutritive des aliments qui contribue à la graisse. Il importe que les bêtes digèrent bien ce qu'on leur donne, voilà pourquoi des aliments liquides, ou très-divisés, ainsi qu'une grande variété dans la nourriture, leur sont très-avantageux. La ration doit augmenter à mesure que l'engraissement s'avance ; on remplacera alors une partie des fourrages par des aliments plus nutritifs, tels que des tourteaux et des grains. Pendant le cours de l'engraissement, on évitera tout ce qui pourrait troubler le repos de l'animal ; les étables ne doivent s'ouvrir qu'au moment des repas : mieux les conditions de chaleur modérée, de repos et d'obscurité auront été observées, mieux l'engraissement s'effectuera : l'hiver et l'automne sont les deux saisons les plus favorables pour mettre les animaux à l'engrais. On cesse d'engraisser quand l'animal n'augmente plus d'une manière sensible ; il est rarement de l'intérêt du cultivateur de pousser l'engraissement jusqu'à sa dernière limite, c'est-à-dire jusqu'au fin gras : les dépenses excessives qu'il faut faire pour amener l'animal à cet état, sont difficilement couvertes par les bénéfices : on a, de plus, contre soi toutes les chances de dépérissement ou de mortalité, qui deviennent d'autant plus grandes que l'animal a acquis un plus haut degré de graisse.

Bêtes à laine.

Les pays de grande culture et les terrains secs sont ceux qui conviennent le mieux aux bêtes à laine.

Il existe un grand nombre de races de bêtes à laine en France, toutes peuvent être rapportées à deux classes : les bêtes à laine fine et celles à laine grossière. Les premières, d'une taille rarement au-dessus de la moyenne, ont la laine plus ou moins courte, fine et ondulée ; la race mérine est la plus parfaite dans ce genre, c'est celle qui, comparativement au poids de l'animal, présente les toisons les plus lourdes. Les secondes se distinguent par leur taille généralement élevée, et leur laine plate, longue et grossière ; on les rencontre particulièrement dans les pays plus humides que secs, et où l'herbe est plus abondante que fine. Entre ces deux races, il existe encore un grand nombre de races mixtes créées par un croisement appelé métissage, et qui rappellent plus ou moins la souche originaire.

Le métissage consiste à faire couvrir les brebis d'un troupeau par des béliers de choix, les agnelles qui en proviennent sont livrées à leur tour à ces mêmes béliers ; on agit ainsi à l'égard de toutes les femelles issues du croisement : au bout de cinq ans, quand l'opération est bien conduite, le troupeau a acquis les qualités qu'on voulait lui communiquer par le métissage, il a les caractères de la race dont on s'est servi pour l'améliorer.

L'âge des moutons se reconnaît aux dents incisives,

À la fin de la première année, les deux dents du milieu tombent et sont remplacées par deux dents plus larges et plus fortes; l'animal porte alors le nom d'*antenois*; à la fin de la deuxième année, les deux dents qui suivent les dents mitoyennes, tombent à leur tour et sont remplacées par deux autres dents et plus larges et plus longues; il en va ainsi des autres jusqu'à la cinquième année, où toutes les dents de lait sont tombées et remplacées. Passé cet âge, les dents s'usent, puis finissent par tomber; à cette dernière période, on dit que la bête est *brisée*.

Le bélier et la brebis, bien nourris, sont aptes à se reproduire à l'âge de deux ans. La monte peut s'effectuer de deux manières, à la main ou librement. La première n'est employée que exceptionnellement; elle consiste à renfermer chaque brebis en chaleur avec un bélier de choix; la seconde, la plus usitée, on lâche les béliers dans le troupeau lorsque les brebis commencent à entrer en chaleur; on les y laisse pendant quatre ou cinq semaines, dans la proportion de deux béliers par 100 brebis; une fois le mâle fini, il est important de tenir les béliers tout-à-fait séparés des brebis, et de leur donner une bonne nourriture; lorsqu'on les laisse pêle-mêle avec le troupeau, pendant toute l'année, ils tourmentent les brebis, et les agneaux naissent à toutes les époques, ce qui complique singulièrement l'élevage.

La gestation dure cinq mois et quelques jours; les brebis qui ont agnelé doivent être mises, pendant les premiers jours, dans des cases séparées avec leurs agneaux; il faut les bien nourrir à cette époque, si l'on veut avoir de beaux produits. Trois semaines ou un mois après leur naissance, on commence à séparer par degrés les agneaux de leur mère, et on leur donne un peu de grain et de fourrage sec; c'est le moment de châtrer les mâles qu'on ne veut pas garder pour la reproduction; le sevrage peut avoir lieu sans inconvénient vers le quatrième mois.

Le pâturage est la nourriture d'été la plus ordinaire pour les bêtes à laine; on peut les mener dans les chaumes, ou leur faire pâturer sur place les pièces de seigle, de trèfle ou de vesces, en prenant toutes les précautions recommandées pour éviter la météorisation; l'hiver, la paille, le foin et les racines suffisent avec le pâturage qu'elles prennent dans les champs, pour les entretenir en bon état. La tonte s'effectue généralement aux approches de l'été. On doit tondre tout d'une pièce, aussi près que possible de la peau, et sans laisser de raies sur le corps de l'animal. La laine la plus fine se trouve sur l'épaule et les côtés, la plus grossière est celle de la tête, du cou et des jambes. Le poids des toisons varie suivant la race et la taille des animaux. Les toisons des brebis sont un peu plus légères que celles des béliers et des moutons; en revanche, la laine en est plus fine.

Dans certaines contrées du midi de la France, on a coutume de sevrer les agneaux de très-bonne heure, afin de tirer plus tôt parti du lait, soit pour vendre en nature, soit pour fabriquer du fromage. Les brebis sont d'autant meilleures laitières, qu'elles reçoivent de meilleurs fourrages, et qu'on leur fait manger des racines, notamment des betteraves; en frappant avec la main sur les mamelles vers la fin de la traite, on obtient un lait très-riche en crème ; cette méthode est pratiquée avec succès dans la partie de l'Aveyron, connue sous le nom de Larzac, où l'on se livre en grand à la confection du fromage de Roquefort.

Les meilleurs agneaux gras sont ceux qui sont exclusivement nourris de lait de brebis.

L'engraissement des moutons s'effectue au pâturage dans certaines localités très-riches en herbages, le plus ordinairement, il a lieu à la bergerie. Dans ce dernier cas, on commence par donner aux animaux du foin et des racines ; vers le milieu de l'engraissement, on y ajoute des tourteaux de lin ou de colza ; on les achève avec des grains de vesces ou des résidus de distillerie et de brasserie : les animaux à l'engrais doivent toujours être abondamment pourvus d'eau ; l'engraissement bien conduit ne doit pas s'étendre au-delà de six semaines à deux mois. Les moutons qu'on engraisse doivent être renfermés dans un local suffisamment aéré ; les bergeries trop chaudes les exposent à des coups de sang.

Les principales maladies des moutons sont : le piétain, la pourriture, la gale, le sang de rate et la clavelée.

La véritable cause du piétain n'est pas encore bien connue, on sait seulement qu'il est occasioné par le défaut de litière ou par la litière qui a séjourné trop longtemps sous les pieds des animaux ; le piétain attaque la corne du pied, détruit les chairs qu'elle recouvre, et fait boiter l'animal : on le combat en enlevant la corne altérée et en saupoudrant la plaie avec du sulfate de cuivre ou vitriol bleu.

La pourriture est le plus souvent causée par des fourrages trop humides, ou par des pacages maréca-geux; cette disposition se manifeste par la couleur de la *robe de l'oeil* qui devient pale au lieu d'être rouge comme à l'état de santé. Dès qu'on s'en aperçoit, il faut conduire les animaux dans des pâturages secs, et leur donner une nourriture fortifiante, dans laquelle on mêle un peu de sel; quand la maladie est déjà en-racinée, il n'y a guère d'espoir de la combattre, il faut alors engraisser l'animal pour l'abattre avant qu'il ne meure.

La gale n'est redoutable qu'autant qu'on la néglige lors de son invasion. Dès qu'on voit un animal se grat-ter, il faut le visiter; aperçoit-on quelques boutons sur sa peau, on les enlève avec un instrument tranchant, et l'on frotte la plaie soit avec des feuilles de tabac mâ-ché, soit avec une pommade composée d'huile de té-rébenthine et de soufre.

Le sang de rate est une maladie incurable, on ne s'en aperçoit ordinairement qu'à l'instant même où l'animal tombe mort, comme frappé de la foudre; cette maladie attaque particulièrement les animaux les plus gras; elle sévit surtout dans les années sèches et sur les troupeaux qui prennent une nourriture trop substantielle.

La clavelée s'annonce par une éruption de pustules qui se développent principalement sur les parties de l'animal qui ne sont pas garnies de laine. Le traitement consiste à inoculer la maladie au troupeau dès que quelques bêtes en sont attaquées, à le tenir renfermé dans un endroit chaud, et à lui donner une nourriture substantielle. Cette maladie est éminemment contagieuse.

Porcs.

Il est rare qu'une exploitation un peu importante n'entretienne pas un couple de porcs pour ses propres besoins; ces animaux, bien nourris et bien entretenus, paient largement les soins qu'on leur donne.

On connaît un grand nombre de races de porcs en France; les plus estimées sont celles de la Flandre, de la Normandie, du Poitou, de la Haute-Garonne, etc.; pures, elles sont médiocrement propres à un engraissement rapide, mais croisées avec des mâles de race anglaise, notamment avec celle du Hampshire, elles arrivent, à peu de frais et en peu de temps, à un degré remarquable de graisse.

Les porcs sont aptes à produire dès l'âge d'un an : la gestation de la truie dure 114 jours. Quelques semaines avant le part, il faut avoir soin de la mettre dans une loge séparée, et de la pourvoir d'une bonne litière ainsi que d'une nourriture choisie; les truies mal nourries sont sujettes à dévorer leurs petits, surtout à la première portée. Les cochonnets doivent téter pendant quatre ou cinq semaines, leur réussite dépend en partie des soins qu'on donne pendant ce temps à la mère. Est-elle bien nourrie, ses mamelles s'emplissent d'un lait abondant et les cochonnets grossissent à vue d'œil; au contraire, la mère n'a-t-elle qu'une chétive nourriture, les petits souffrent et languissent, ceux qui ne périssent pas ne deviennent jamais de beaux animaux, par suite des privations qu'ils ont ressenties au premier âge. Le sevrage a lieu ordinairement à 5 ou 6 semaines, jusque-là il faut tenir les jeunes animaux chaudement, car le froid leur est très-nuisible. Avant de faire passer entièrement les cochonnets au régime des animaux adultes, il est bon de les y amener par degrés à l'aide d'eaux blanches, de son, de petit lait et de pommes de terre cuites; lorsque le temps est beau, on fait sortir la truie sans ses petits, puis ceux-ci sans la mère; isolés ainsi temporairement les uns des autres, ils ne souffrent nullement au moment de la séparation définitive. L'élevage devient très-facile quand on dispose des loges autour d'une cour remplie de fumier, où les cochonnets vont prendre de l'exercice; tant que dure leur croissance, il est utile de les envoyer une ou deux fois par jour pâturer dans les champs ou le long des grandes routes; la stabulation permanente ne doit commencer que lorsque l'animal a un poids un d'engraissement suffisant.

Suivant les races auxquelles ils appartiennent, les cochons acquièrent la plus grande partie de leur taille à l'âge de dix à douze mois; c'est vers ce temps qu'il convient de les rendre et les nourrir à demeure avec des vesces, des trèfles, des luzernes ou des débris de cuisine. Les cochons destinés à être engraissés doivent avoir été châtrés dès leurs premières semaines. L'hiver et l'automne sont les époques les plus favorables pour engraisser. Dans les commencements, on donnera à l'animal des pommes de terre cuites et des breuvages tièdes pour le préparer à prendre de l'engrais; et à mesure que l'engraissement s'avance, on augmente la nourriture ; dans la dernière période, il y a grand avantage à remplacer les pommes de terre par du grain moulu, du sarrasin, du maïs, de la farine d'orge ou des châtaignes quand on en a à sa disposition : cette dernière nourriture contribue singulièrement à donner de la qualité à la chair. Plus la nourriture est variée, mieux l'animal profite ; quelques engraisseurs se trouvent bien de faire légèrement aigrir les aliments deux jours avant de les donner à l'animal. Quelle que soit, du reste, l'espèce de nourriture que l'on adopte, il est indispensable de tenir les animaux avec propreté ; cette condition influe plus qu'on ne pense sur la rapidité de leur engraissement, et surtout sur leur santé.

Chevaux.

Dans une grande partie de la France, les chevaux sont exclusivement employés aux travaux de la culture ; dans les climats très-secs, tels que ceux du sud et du sud-ouest de la France, on remplace leur travail par celui des bêtes à cornes et des mules.

Les dents incisives servent à reconnaître l'âge du cheval jusqu'à huit ans. Les dents de lait se montrent vers le quinzième jour. A deux ans et demi les dents du milieu appelées *pinces*, tombent et sont remplacées par deux dents plus larges ; les deux mitoyennes qui reviennent ensuite sont remplacées entre trois ans et demi et quatre ans ; les dernières incisives ou les *coins* tombent à quatre ans et demi ou cinq ans. Les dents incisives ont d'abord la couronne creuse, peu à peu la fossette nommée *fève* s'use ; à six ans, les pinces sont rasées ; à sept ans, la fève a disparu des deux dents mitoyennes ; à huit ans, tous les creux sont effacés ; passé cet âge, les dents sont d'autant plus longues et plus étroites que l'animal est plus vieux.

L'élevage du cheval ne convient pas à tous les pays, il n'est profitable que là où il existe des pâturages riches et étendus, et où l'on peut donner économiquement une nourriture très-substantielle au jeune animal pendant ses premières années ; en dehors de ces conditions essentielles, l'élevage réussit difficilement, et toujours il est très-dispendieux.

La jument doit recevoir l'étalon à sa troisième année, la chaleur dure une douzaine de jours ; la gestation est de onze mois et quelques jours. La jument pleine peut être employée à tous les travaux de la culture pendant les deux premières périodes de la gestation ; vers le neuvième mois, il est prudent de la ménager et de lui donner une nourriture plus choisie, surtout des eaux blanches pour la rafraîchir. L'époque du part arrivée, on place la jument dans une case spéciale de l'écurie, sans l'attacher ; dès qu'elle a mis bas, on lui donne des boissons tièdes pour la fortifier, et si la saison le permet, on la conduit dans un bon pâturage. Trois semaines avant et trois semaines après le poulinage, on ne doit exiger aucun travail de la jument, on l'y remet ensuite par degrés. Pendant l'allaitement, la jument doit être abondamment nourrie. Le poulain doit téter pendant trois ou quatre mois, après ce temps, on le sépare par degrés de sa mère. On commence à lui donner un peu d'avoine et on le conduit dans les meilleurs pâturages : le sac d'avoine ne doit pas être épargné pendant la jeunesse de l'animal, il contient, à peu de choses près, tout le secret de faire de beaux élèves. Dès la seconde année, le poulain peut recevoir sans inconvénient une assez forte ration de foin sans que pour cela la quantité d'avoine lui soit diminuée ; l'hiver de la troisième année, on le soumet au régime ordinaire des chevaux faits. Dans beaucoup de pays, on commence à faire travailler le poulain dans le courant de sa deuxième année ; mais sous le prétexte d'utiliser plus tôt l'animal, on ne fait que le ruiner par ce travail prématuré : des chevaux qu'on emploie trop jeunes atteignent difficilement un bon développement, et sont, en général, de peu de durée.

Dans les exploitations bien tenues, les chevaux faits ne doivent pas être nourris au pacage, c'est à l'écurie qu'ils doivent prendre tous leurs repas. L'été, on les nourrit au vert avec des vesces, du trèfle, de la luzerne, du seigle et une ration d'avoine ; l'hiver, quand ils ne travaillent pas, on remplace le grain par des carottes, et on les nourrit avec du foin et de la paille : 10 litres d'avoine, 5 kilogrammes de foin, autant de carottes mêlées avec de la paille humectée maintiennent très-bien les chevaux en santé pendant la morte saison ; au temps des travaux courants, il est indispensable de leur donner de l'avoine ou des fèves.

La propreté et les pansements à la main sont de toute nécessité pour la santé des chevaux. Matin et soir il faut les étriller ; un pansement à la main quand ils rentrent à l'écurie, après l'attelée du matin, leur fait grand bien; par là, on excite leur transpiration, on les débarrasse de la poussière, on empêche les refroidissements et on les préserve ainsi de maladies que la négligence ne rend que trop fréquentes chez ces animaux. Dix à onze heures de travail réparties en deux attelées en été, ne sont pas au-dessus des forces d'un cheval bien nourri et soigné convenablement; l'hiver, on doit se contenter de sept à huit heures de travail en une seule attelée.

Mules.

Cette espèce d'animaux joue un rôle important dans l'agriculture du midi de la France; sa constitution robuste et sa sobriété remarquable la rendent éminemment propre aux pays chauds qui ne sont pas très-riches en fourrages.

Le prix élevé auquel se vendent les mules depuis quelques années, a apporté quelques améliorations dans l'élevage; on ne peut se dissimuler cependant qu'il n'existe encore bien des pratiques vicieuses à cet égard, notamment dans le choix des animaux reproducteurs.

Le principal défaut des éleveurs est de livrer leurs juments à des baudets dépourvus de toute qualité, et généralement épuisés par des saillies trop multipliées : un grand nombre manquent aussi de juments bien conformées, ou bien n'emploient que des juments de rebut pour la production mulassière, ils n'obtiennent ainsi que des animaux de médiocre valeur. De beaux étalons, tels, par exemple, que ceux qui existent dans le Poitou, assureraient de grands bénéfices à ceux qui voudraient se livrer à cette industrie, surtout dans les pays voisins de l'Espagne où l'élève du cheval a été complètement abandonné pour celui des mules.

Dès l'âge de trois mois, la jeune mule peut être sevrée ; en lui donnant, à cette époque, quelques poignées d'avoine dont on augmentera chaque jour la ration, on développera rapidement ses forces : du foin de bonne qualité ou un excellent pacage sont nécessaires la première année ; du reste, le régime des mules est exactement le même que celui des chevaux, avec cette différence qu'elles souffrent beaucoup moins d'une nourriture grossière.

Les mules font pour le moins autant de travail que les chevaux, il faut éviter de les faire travailler par une trop grande chaleur.

TROISIÈME PARTIE.

ÉCONOMIE DES RÉCOLTES.

Sous ce nom, nous comprenons la partie de l'agriculture qui enseigne l'art de maintenir la terre en bon état de fertilité. Trois conditions essentielles concourent à ce but, savoir : *un choix judicieux de récoltes* appropriées au climat et au sol; *une rotation* telle que les plantes, placées dans un ordre déterminé, donnent le plus haut produit; enfin, *un assolement* en rapport avec les besoins de l'exploitation, c'est-à-dire, qui établisse en quelle proportion on doit cultiver certaines récoltes pour obtenir constamment le plus fort rendement du sol sans diminuer sa richesse : la réunion de ces différentes branches forme *le système de culture* et en détermine la valeur.

CHOIX DES RÉCOLTES.

Le climat, abstraction faite de la nature du sol qui contrebalance ses avantages ou ses inconvénients, exerce une grande influence sur les plantes, il favorise ou contrarie plus ou moins leur végétation, suivant les degrés de chaleur et d'humidité qu'elles exigent. On sait par expérience que le maïs, la vigne, le mûrier, le chanvre, le sarrasin, l'orge, la luzerne, demandent plus de chaleur que le froment, le seigle, l'avoine, le trèfle, le colza, le lin. Un climat humide convient au froment, à l'avoine, aux vesces, au trèfle, aux pommes de terre, aux prairies; un climat sec, au contraire, est préférable pour le seigle, le maïs, l'orge, le sainfoin, la vigne, le mûrier.

La considération du sol n'est pas moins importante; une terre argileuse, sableuse ou calcaire, un sol d'alluvion, des étangs desséchés, réclament des plantes différentes. Chacune de celles-ci réussit sans beaucoup de frais dans le sol qui lui convient: la place-t-on dans un sol contraire, elle ne vient plus qu'avec le secours d'une température particulière ou d'une fumure extrêmement abondante, sa production coûte alors fort cher, et le profit s'en trouve diminué d'autant; l'observation et l'expérience viennent ici en aide au cultivateur pour lui indiquer la marche de la nature.

Dans un sable ingrat, le sarrasin, les topinambours, le seigle, sont à peu près les seules plantes qu'on puisse introduire: s'il peut être arrosé, on ne saurait mieux faire que de le convertir en prairie: un sable de meilleure qualité produit de l'orge, de l'avoine, des pommes de terre: la vigne et le mûrier l'occupent encore utilement. S'il a été amené à un haut degré de fertilité, on peut y cultiver le trèfle, les pois, la luzerne, le lin, le chanvre, les fèves, le maïs et le blé, mais en même temps il sera nécessaire de le fumer souvent.

Le sol argileux tenace ne comporte qu'un petit nombre de plantes. Le froment, l'avoine, le trèfle et surtout les fèves, doivent y être seuls admis, tant que la culture ne l'a pas suffisamment ameubli; d'autres récoltes pourraient, à la rigueur, y trouver également leur place, mais elles y courent généralement tant de risques et y sont si coûteuses, qu'il est prudent de ne pas les lui confier. Il en est autrement si le sol contient une certaine proportion de calcaire et s'il a été amélioré de longue main par la culture; dans ce cas, on peut y introduire les plus riches récoltes : le chanvre, le blé, le maïs, les choux, le colza, le trèfle, la luzerne y prospèrent facilement.

Le sol calcaire convient surtout à l'orge, aux pois, au sainfoin et à la vigne.

Pour les bonnes terres d'alluvion, l'orge, le froment, les pommes de terre, l'avoine, le maïs, les fèves, le trèfle, donnent de belles récoltes; mais comme elles sont souvent envahies par les mauvaises herbes, les façons qu'elles exigent leur ôtent une partie de leurs avantages pécuniaires; dans les terres d'alluvion légères, ainsi que dans les étangs desséchés, les grains d'hiver sont souvent exposés à être déchaussés, c'est pourquoi on leur substitue des récoltes de printemps, telles que l'orge, l'avoine, les pois et les fèves : ces plantes réussissent très-bien dans les sols de cette nature, lorsque leur première végétation n'est pas tourmentée par la sécheresse.

Indépendamment des considérations relatives à la nature du climat et du sol, il est encore d'autres circonstances dont il faut tenir compte dans le choix des récoltes; telles sont, par exemple, l'action mécanique des végétaux sur le sol et leurs facultés épuisantes ou améliorantes.

L'influence mécanique exercée par les plantes sur le sol, provient en partie des menues cultures qu'elles nécessitent, en partie de la nature même des végétaux.

A la première classe appartiennent les choux, les navets, les betteraves, le colza et toutes les plantes désignées sous le nom de récoltes sarclées ; dans la seconde catégorie viennent se ranger les plantes telles que la luzerne, le sainfoin, les carottes, dont les racines longues et vigoureuses pénètrent profondément en terre, et surtout celles qui, comme la pomme de terre et le topinambour, produisent leurs fruits dans le sol, le soulèvent, l'ameublissent et le rendent perméable à l'atmosphère.

Le colza a la propriété d'ameublir le terrain et de le préparer pour les grains d'hiver.

L'herbe des prairies, par le chevelu de ses nombreuses racines, donne de la consistance au sol en retenant ses molécules dans une espèce de réseau et en y maintenant la fraicheur.

Le trèfle, les fèves, conviennent particulièrement pour ameublir les terrains argileux.

Le sarrasin, les pois et les vesces étouffent les mauvaises herbes sous l'ombre épaisse de leur végétation ; d'autres plantes, au contraire, comme les céréales, semblent favoriser la multiplication des mauvaises herbes ; la terre, enfin, se sèche et durcit sous les grains d'hiver et les récoltes de lin.

Quant à la faculté d'épuiser ou d'améliorer le sol, les végétaux dont s'occupe l'agriculture présentent des caractères fort différents.

Dans un sens rigoureux, il n'est aucune plante fixée au sol, qui n'absorbe, pendant sa croissance, une portion plus ou moins considérable des matières fertilisantes que la terre tient en dépôt; mais les unes lui rendent, par leurs propres débris, autant et plus de principes qu'elles ne lui en ont emprunté; les autres l'améliorent par les cultures qu'elles reçoivent ou par l'état dans lequel elles laissent le sol; celles-ci ne lui restituent qu'une partie de sa richesse, celles-là la lui enlèvent presque en totalité, sans aucun dédommagement: de là, une distinction nécessaire entre les plantes qui enrichissent le sol, celles qui l'améliorent, celles qui le ménagent et les plantes qui l'appauvrissent ou qui l'épuisent.

Les plantes qui enrichissent le sol, sont celles qui lui laissent plus de principes nutritifs qu'elles n'en ont reçu. A cet égard, il faut se rappeler que les végétaux ne tirent pas uniquement de la terre les substances dont ils ont besoin pour se nourrir: l'atmosphère et ses influences variées leur en fournissent aussi une partie. Si, pendant leur croissance, ils n'ont demandé qu'une faible portion de sucs au sol, si l'atmosphère, en revanche, a fait la plus grande partie des frais de leur nutrition, et si le produit de la récolte, supérieur à la consommation de l'humus tiré du sol, est abandonné en entier à ce dernier, il profitera nécessairement de cet excédant de richesse, puisqu'il n'aura point concouru à sa formation. Les plantes douées d'une végétation vigoureuse, telles que le sarrasin, la spergule, le gazon, sont celles qui possèdent au plus haut degré le privilège d'enrichir le sol. De ce nombre sont encore la luzerne, le sainfoin, lorsqu'ils ont occupé la terre pendant plusieurs années, qu'ils ont toujours été bien garnis, et qu'on les a enfouis avant leur épuisement. On pourrait en dire autant du trèfle dont on ne prend qu'une seule coupe pour enterrer la seconde en pleine floraison, mais il est rare que le cultivateur fasse ce sacrifice, c'est pourquoi le trèfle retourné après le regain enlevé, doit être placé seulement au second rang, c'est-à-dire, parmi les plantes qui améliorent le sol.

Cette classe comprend tous les végétaux qui, sans enrichir positivement le sol, lui restituent non-seulement ce qu'ils lui ont emprunté, mais, de plus, le bonifient par les cultures dont ils sont l'objet, et par l'influence immédiate qu'ils exercent sur lui. Ainsi, le trèfle bien réussi, au moment où on le fauche, laisse d'abord dans le sol l'équivalent des principes qu'il en a tirés, puis il l'améliore, en diminuant sa cohésion, s'il est très-compacte, ou en lui donnant de la consistance, s'il est sablonneux.

Le colza transplanté et biné, et surtout les fèves, appartiennent également à cette catégorie.

Les récoltes qui ménagent le sol, ne l'enrichissent ni ne l'améliorent, elles le laissent à peu près dans l'état où elles l'ont trouvé au commencement de leur végétation; c'est ce qui arrive pour les plantes qu'on fauche en vert, comme le seigle, l'orge d'hiver, la dravière, les vesces et les pois : ces deux dernières, même récoltées à maturité, sont encore dans ce cas, pourvu qu'elles soient bien garnies : les débris qu'elles laissent dans le sol, et l'ombre épaisse dont elles le couvrent pendant leur végétation, contrebalancent ce qu'elles lui ont enlevé de principes fertilisants.

La classe des plantes qui appauvrissent le sol, renferme la plus grande partie des récoltes; toutes devraient rigoureusement y être comprises si l'on ne s'attachait qu'aux matières nutritives qu'elles tirent du sol; mais les débris plus ou moins abondants qu'elles laissent en échange, les cultures qu'elles reçoivent, et leur influence sur le sol, sont autant de compensations dont on doit tenir compte, et qui neutralisent ou modifient le degré d'appauvrissement. La quantité d'engrais absorbée mérite aussi attention. Telle plante, en effet, qui, par les façons multipliées qu'elle exige, appartiendrait aux récoltes améliorantes, devient appauvrissante par la quantité d'engrais qu'elle consomme, et réciproquement; de même, il faut distinguer s'il s'agit d'un sol bon ou mauvais : ce dernier veut, avant tout, être ménagé; l'autre réclame une culture soignée. Relativement à leur faculté appauvrissante, les plantes se placent dans l'ordre suivant : choux, pommes de terre, maïs, froment, orge, seigle, avoine; il faudrait renverser cette classification si le terrain demandait plutôt à être amendé que ménagé sous le rapport des engrais : les céréales alors, à l'exception du maïs, occuperaient le premier rang, comme plantes appauvrissantes.

On réserve le nom de plantes épuisantes à celles qui, indépendamment de la quantité considérable d'engrais dont elles ont besoin pour réussir, n'abandonnent absolument rien au sol, en retour de ce qu'elles en ont reçu. À cette classe appartiennent les navets, le chanvre, le tabac; il faut aussi y comprendre les pavots et le colza, quand on les sème à la volée et qu'on ne leur donne aucune culture pendant leur végétation.

ROTATION DES RÉCOLTES.

Le choix des récoltes établi, le cultivateur a une tâche nouvelle à accomplir, il lui faut rechercher quelle est la meilleure rotation à adopter, afin que les plantes se succèdent les unes aux autres avec le plus d'avantage. L'étude de ce qui se passe dans la matière est ici indispensable.

Certaines plantes peuvent être semées tard, d'autres veulent être mises en terre de bonne heure; celles-ci arrivent promptement à maturité, celles-là occupent longtemps le sol; quelques-unes, par la propriété qu'elles ont de favoriser la croissance des mauvaises herbes, exigent des cultures plus ou moins répétées; plusieurs, enfin, se succèdent sans inconvénient à elles-mêmes, tandis que d'autres s'opposent à un retour plus ou moins rapproché; ces considérations sont très-importantes.

Si toutes les récoltes étaient semées à la même époque, il suffirait d'une seule saison contraire pour les faire périr en totalité; on aurait, en outre, rarement le temps de préparer la terre, à moins d'immobiliser les attelages et la main-d'œuvre qui, de la sorte, resteraient inoccupés pendant le reste de l'année. Heureusement, la Providence en a disposé autrement. Certaines plantes croissent lentement; elles ont la faculté de résister à l'hiver; on les sème dans l'automne, et leur maturité arrive à l'époque la plus favorable; tels sont le froment, le seigle, le colza.

D'autres plantes, comme l'avoine, l'orge, le sarrasin mûrissent vers la fin de l'été ; n'occupant le sol que pendant quelques mois, elles permettent de l'ameublir et de le nettoyer dans l'intervalle de deux récoltes de grains d'hiver.

Le maïs, les pommes de terre, les betteraves, les topinambours se récoltent dans le courant de l'automne ; le trèfle, la luzerne, le sainfoin occupent la terre pendant plusieurs années, et réparent les pertes éprouvées par le sol, en même temps qu'ils procurent une grande économie de fumier et de main-d'œuvre.

Les cultures variées que les différentes plantes exigent, présentent de grandes ressources pour préparer le sol en temps opportun. Le colza mûrissant de bonne heure, on peut aisément donner deux ou trois labours à la terre pour le grain d'hiver qui doit suivre. Après un trèfle bien réussi, on sème souvent le blé sur un seul labour. Les pois et les vesces récoltés en vert, débarrassent la terre assez tôt pour qu'on puisse donner au moins deux façons avant d'emblaver de nouveau ; récoltés en grains, les vesces et les pois laissent encore le temps suffisant pour labourer avant les semailles d'hiver, mais il faut se hâter d'en profiter. La récolte tardive des fèves contrarie quelquefois la préparation pour le blé, lorsque la saison n'est pas favorable ; le lin récolté dans le courant de juillet, laisse un peu plus de loisir pour les labours à blé ; le chanvre, au contraire, ne vide la place qu'à l'entrée de l'automne ; il serait, pour cette raison, un obstacle à la préparation du sol, si le blé ne se contentait d'un seul labour après une récolte aussi fortement fumée, et qui étouffe aussi complétement les mauvaises herbes.

Toutes les plantes, cependant, ne jouissent pas, comme le chanvre, de la faculté de nettoyer le terrain; les céréales, entre autres, le sont à tel point, qu'il faut nécessairement les faire suivre de récoltes qui exigent des cultures fréquentes ou qui, pendant leur végétation, ombragent assez le sol, ou soient coupées assez tôt pour empêcher les mauvaises herbes de porter graines. Ces propriétés opposées des plantes méritent une attention sérieuse dans la rotation des récoltes.

Le colza, les fèves, les navets, les betteraves, les pommes de terre, les topinambours, le maïs et les choux, sont les plantes qu'on cultive ordinairement comme récoltes sarclées.

Le colza transplanté et biné une ou deux fois jusqu'à sa floraison, est une excellente préparation pour tous les grains d'hiver.

Dans un sol argileux, les fèves semées en ligne et binées avec soin, précèdent avec avantage le froment, quand elles ne mûrissent pas trop tard.

Les navets, les pommes de terre et les betteraves occupant la terre fort tard, sont généralement de mauvais précédents pour les grains d'hiver : en revanche, les grains d'été et le lin réussissent parfaitement après ces récoltes.

Il en est de même du topinambour.

Le maïs, en France, ne forme qu'une préparation médiocre pour le blé, malgré les binages répétés qu'on lui donne.

Les choux sont de mauvais précédents pour les grains d'hiver.

Les récoltes coupées en vert, telles que les vesces, les pois, le seigle, l'orge d'hiver, le sarrasin, sont excellentes pour détruire les mauvaises herbes; en outre, elles épuisent moins la terre que les récoltes sarclées et la laissent libre plus tôt.

Le trèfle ne nettoie bien le sol qu'autant qu'il est suffisamment garni : il forme alors un bon antécédent pour le blé, l'avoine, le lin.

La luzerne et le sainfoin sont dans le même cas, sous le rapport de l'ameublissement et de la propreté du sol, aussi peut-on prendre sans inconvénient une récolte de grains après les avoir retournés ; mais si on leur fait succéder de suite deux céréales non sarclées, comme cela n'arrive que trop souvent, les mauvaises herbes envahissent bientôt le champ, et l'on est forcé de recourir à une récolte binée pour les détruire.

La sympathie ou l'antipathie de certaines plantes les unes pour les autres, et leur incompatibilité avec elles-mêmes sont des faits qui se reproduisent tous les jours sous nos yeux, et nous prouvent cette vérité que, toutes choses d'ailleurs égales, les récoltes réussissent d'autant mieux, qu'il s'est écoulé un temps plus considérable entre leur culture et leur retour dans le même sol : de là, la nécessité d'alterner les récoltes pour obtenir un produit plus élevé, ainsi qu'une économie d'engrais et de travail.

L'incompatibilité des plantes avec elles-mêmes est la plus commune et se fait sentir plus longtemps que celle des plantes entre elles. On peut même dire qu'il n'existe pas de plantes réellement antipathiques à des plantes d'une autre espèce, mais seulement qu'elles nuisent accidentellement à leur réussite mutuelle : il suffit souvent d'intercaler une autre plante pour faire cesser le mal. Ainsi, entre deux céréales qui épuisent et salissent le terrain, on place un trèfle ou un colza ; entre deux récoltes qui ne demandent que des labours superficiels, on place du chanvre ou du maïs qui, tous deux, exigent de profonds labours ; entre deux récoltes qui occupent longtemps le sol, on en met une, comme le lin ou la navette d'été, dont la végétation soit rapide : de cette manière, on prévient les mauvais effets de certaines plantes qui n'exercent l'une sur l'autre une influence fâcheuse, que parce que l'on n'a pas su profiter des contrastes résultant de leur végétation ou de leur culture.

A la classe des plantes qui peuvent se succéder à elles-mêmes, il faut rapporter l'herbe, le chanvre, le topinambour, les betteraves, le seigle et l'avoine.

On connaît la faculté qu'ont les herbes d'occuper indéfiniment le même sol, et de repousser lorsqu'on les retourne d'une manière imparfaite ; aussi n'éprouve-t-on point de difficulté à rétablir immédiatement un pré nouvellement défriché.

Le chanvre peut revenir tous les ans sur lui-même ; pour cette plante, le sol ne semble destiné, en quelque sorte, qu'à servir de point d'appui : le fumier, les labours profonds et une température alternativement chaude et humide font le reste.

Les topinambours peuvent se reproduire constamment dans la même terre sans engrais ni culture ; néanmoins, pour en obtenir de bons résultats, il faut les planter et les fumer chaque année. De même pour les betteraves, seulement elles exigent un sol bien préparé et riche en humus.

De toutes les céréales, le seigle est celle qui peut le plus longtemps se succéder à elle-même, sans que son produit diminue ; toutefois, il faut, pour cela, que le sol soit léger, fumé chaque année et exempt de mauvaises herbes.

L'avoine est dans le même cas, mais à un moindre degré que le seigle ; elle diffère encore de celui-ci en ce qu'elle préfère un sol plutôt argileux que léger, et qu'elle n'a pas besoin d'être fumée aussi souvent.

Les plantes les plus antipathiques avec elles-mêmes sont : les pois, le trèfle, le lin et le froment.

Les pois sont généralement regardés comme la plante la plus incompatible avec elle-même ; suivant les pays, ils ne peuvent revenir avant 3, 6 et même 9 ans dans la même pièce.

Dans la plupart des cas, la réussite du trèfle n'est assurée qu'après un intervalle de 5 ou 6 ans entre la première et la seconde semaille. Toutefois, les sols argileux et les climats humides permettent de le faire revenir plus souvent.

Pour le lin, on trouve qu'il ne doit revenir qu'après cinq ou six ans.

Quant au froment, il est rare qu'on puisse impunément le cultiver deux fois de suite sur lui-même. On a remarqué, dans certaines localités, qu'après deux ans d'intervalle, son produit était plus considérable en paille qu'en grains ; les terres argileuses, seules, supportent un retour aussi fréquent ; la rotation biennale fèves et blé, maïs et blé, est suivie avec succès depuis un temps immémorial dans certaines contrées.

ASSOLEMENT.

Le but de l'assolement est de maintenir un juste équilibre entre la dépense et la production des forces. Si les différentes propriétés des plantes et les procédés variés de culture qu'elles exigent influent sur le choix de la rotation, d'autres considérations non moins essentielles réclament l'attention du cultivateur pour déterminer le système de culture. Les plus importantes sont : l'étendue de l'exploitation, la nature du sol et sa qualité, l'état des terres lors de l'entrée en jouissance, le morcellement de la propriété, la nourriture du bétail à l'étable ou au pâturage, les débouchés, les clauses et la durée du bail et les ressources du cultivateur ; chacune d'elles doit être l'objet d'un sérieux examen.

Étendue de l'exploitation.

Il est rare que le même assolement convienne à la petite et à la grande culture ; l'une, embarrassée, pour ainsi dire, de son temps et de ses bras, n'ayant rien à débourser en frais de main-d'œuvre, recherche l'augmentation du travail, s'attache au lin, au chanvre, aux pommes de terre, au colza, aux légumes, à toutes les plantes qui demandent des sarclages et des binages multipliés ; pour elle, la plus grande somme de produits bruts représente le bénéfice le plus considérable, et l'assolement libre est celui qui convient le mieux à son allure indépendante. L'autre, limitée dans l'emploi du temps et l'application du travail en raison directe de l'étendue du terrain qu'elle exploite, doit suivre une marche opposée ; la main-d'œuvre ne servira plus qu'à perfectionner ce que les attelages et les instruments auront exécuté ; les grains et les fourrages devront avoir la préférence sur toute autre récolte, le produit brut aura moins d'importance que le produit net, et surtout il y aura nécessité de se renfermer dans un assolement régulier, le seul qui se concilie avec les embarras d'une vaste administration.

Nature du sol et qualité des terres.

Toutes les terres ne comportent pas le même assolement : si, dans un sol léger, on peut, en général, faire ce que l'on veut, dans une terre forte on fait ce que l'on peut. Dans le premier, rien de plus simple que de se débarrasser des mauvaises herbes à l'aide de récoltes sarclées : dans une terre argileuse tenace, la jachère sera souvent le seul moyen économique d'atteindre ce but. Les mêmes réflexions s'appliquent aux différentes qualités des terres ; un sol riche demande moins d'engrais et en produit plus qu'un sol pauvre ; on doit tâcher d'amener celui-ci au rang des bonnes terres en ménageant ses forces ; l'un produira les grains, l'autre les fourrages : pour cela, il faut nécessairement adopter un assolement spécial dans chacune des deux terres, jusqu'à ce qu'on puisse les soumettre au même traitement.

État des terres lors de l'entrée en jouissance.

Il n'arrive que trop souvent qu'à la fin du bail, le

fermier sortant détériore le sol par une mauvaise
culture et laisse à son successeur des terres épuisées,
infestées de mauvaises herbes ou envahies par des
eaux stagnantes; le remède à ces maux exige une
grande circonspection. La première chose à faire, est
de songer à rétablir les terres sur un bon pied; l'assainissement du terrain par l'écoulement des eaux est ici
de toute rigueur; dans un sol appauvri, on s'attachera
particulièrement à la production de la paille et des
fourrages; si les terres sont salies par de mauvaises
herbes annuelles, on remplacera pendant une ou deux
années la culture des grains d'été par des récoltes sarclées, du sarrasin ou des plantes fauchées en vert;
s'agit-il de mauvaises herbes à racines vivaces, la jachère sera indispensable pour en débarrasser complètement le sol; dans l'un et l'autre cas, il y a nécessité
d'ajourner l'application de l'assolement qu'on avait
choisi, et de se borner, pendant un certain temps, à
améliorer le sol.

Morcellement de la propriété.

Des terres arrondies ou morcelées entraînent de
grandes différences dans le mode d'exploitation. Lorsque les champs se trouvent très-divisés et enclavés, il
est bien difficile d'adopter un système particulier de
culture. Tantôt on est obligé de donner passage aux
voitures du voisin, tantôt sa charrue tourne sur nos
pièces, tantôt il nous enferme de toutes parts; c'est
une servitude continuelle dont on ne peut s'affranchir
qu'à force de sacrifices : aussi, en pareil cas, il est sou-

vent plus sage de suivre l'assolement du pays, tout défectueux qu'il puisse être.

Nourriture du bétail à l'étable ou au pâturage.

S'il est hors de doute que l'assolement alterne s'allie parfaitement avec la nourriture à l'étable, et que l'un et l'autre concourent à leur mutuelle prospéri é, c'est une vérité non moins incontestable que cette méthode excellente n'est pas toujours susceptible d'application. Elle ne convient pas, par exemple, dans les sols où le trèfle et la luzerne ne peuvent venir, ni dans les contrées où la vaine pâture livre les récoltes à la merci des troupeaux ; elle est sans importance là où l'on possède une grande quantité de prés non susceptibles d'être mis en culture ; enfin, elle peut devenir contraire aux intérêts du cultivateur, si celui-ci, placé dans le voisinage d'une grande ville, y trouve la plupart de ses engrais, ainsi qu'un bon prix de sa paille et de son grain ; dans ce cas, l'assolement triennal amélioré lui procurerait plus de bénéfices que l'assolement alterne avec nourriture à l'étable, cette dernière n'ayant, en définitive, comme principal avantage que l'augmentation du fumier.

Débouchés.

Cultiver des plantes qui n'ont pas de cours, et dont on ne peut se défaire, être obligé de transporter à de lointaines distances le produit de ses champs, sont autant de fâcheuses spéculations qu'un bon cultivateur doit éviter. S'il n'existe pas de fabrique dans le pays ou dans les environs, il faut renoncer aux plantes de commerce; le cultivateur est-il loin des marchés, ou n'a-t-il, pour s'y rendre, que de mauvais chemins, sa culture doit se modifier; au lieu de produire des grains pour la vente il se livrera à l'éducation du bétail, et fera porter ses récoltes au marché sous la forme d'animaux gras; dans la plupart des circonstances, cette industrie pourra seule l'affranchir des inconvénients de sa position.

Clauses et durée du bail.

Sans parler des clauses spéciales plus ou moins mauvaises qu'il dépend de la volonté du propriétaire d'imposer à son fermier, mais auxquelles celui-ci ne doit pas souscrire si elles ont pour but de l'enchaîner à la routine, le bail à court terme est une des plus fortes entraves qu'on puisse rencontrer pour changer d'assolement. Le passage d'un système de culture à un autre, entraine toujours des sacrifices dans les commencements. Avec un bail de longue durée, on peut espérer compenser ces pertes; avec les baux, si communs en France, de 6 ou 9 ans, il faut, de toute nécessité, se soumettre aux usages de la localité. Dans le premier cas, le fermier ne craindra pas de faire des avances dans lesquelles il est certain de rentrer, puisque ses propres intérêts l'engagent à cultiver en bon père de famille, c'est-à-dire à améliorer chaque année le sol et à accroître sa richesse; dans le second cas, au contraire, le preneur n'ayant aucun avantage à s'occuper d'améliorer le fonds au profit du propriétaire cherchera, avant tout, à tirer parti de sa fertilité acquise, c'est pourquoi il accumulera les unes sur les autres les récoltes de grains, sauf à louer d'autres terres lorsque les premières se trouveront épuisées à l'expiration du bail. Le système de culture ne saurait donc être le même dans l'une et l'autre supposition.

Ressources du cultivateur.

L'assolement dépend encore des ressources du cultivateur. Tel qui possède l'intelligence nécessaire pour conduire convenablement une exploitation soumise à la culture triennale, n'aura plus la tête assez forte pour surveiller les détails d'une agriculture plus compliquée. Tel autre encore, avec la capacité suffisante pour introduire un système de culture alterne, ne pourra faire face au surcroît de dépenses qu'entraîne son adoption : que deviendraient alors des assolemens basés sur des plantes de commerce qui exigent beaucoup de main-d'œuvre? Que ferait le cultivateur de ses nombreuses récoltes racines et fourragères, s'il ne pouvait acheter assez de bétail pour faire consommer ces denrées? Cette question, comme on le voit, est extrêmement importante ; de sa solution dépend en partie le succès ou la chute de l'entreprise.

En résumant ce qui précède, l'art des assolements consiste dans les principes généraux suivants :

1° Approprier les récoltes à la nature du climat et du sol, ainsi qu'aux ressources dont on dispose ;

2° Alterner les récoltes, de manière que celles qui précèdent, assurent le succès de celles qui doivent

suivre ; pour cela, reculer, le plus possible, le retour
sur le même champ, des végétaux des mêmes famille,
genre et espèce, ou qui se cultivent de la même manière ;

3º Laisser le terrain nu le moins longtemps possible ;

4º Entre deux récoltes épuisantes, placer une ou
plusieurs récoltes améliorantes ;

5º Substituer aux récoltes qui salissent le terrain,
des plantes qui l'ombragent fortement ou qui demandent des binages ou des sarclages répétés ;

6º Semer les plantes à fourrage dans la céréale qui
suit immédiatement la récolte sarclée et fumée ;

7º Réserver le fumier frais pour les récoltes sarclées ou fauchées en vert, au lieu de l'appliquer directement aux céréales ;

8º Proportionner les récoltes qui ne rendent rien à
la terre, avec celles destinées à retourner au sol sous
forme d'engrais ;

9º Disposer les récoltes de manière qu'il y ait le
moins possible de labours à donner au sol, et de fumures à lui appliquer ;

10º Faire en sorte que le travail ne soit pas accu-
mulé sur une seule saison ; qu'entre chaque semaille
on ait le temps de donner au sol les préparations convenables, et qu'on puisse remplacer les récoltes qui
viendraient à manquer.

FIN.

TABLE

DES MATIÈRES.

—

PREMIÈRE PARTIE.

DEUXIÈME PARTIE.

TROISIÈME PARTIE.

FIN DE LA TABLE DES MATIÈRES.

BAR-SUR-SEINE. — IMP. DE SAILLARD.